荣获中国石油和化学工业优秀教材奖
应用型人才培养教材

# 装配式混凝土建筑施工技术

## 第二版

肖凯成　杨　波　成汉标　主编
李艳霞　张永强　姜荣斌　副主编
谷志旺　主审

ZHUANGPEISHI
HUNNINGTU JIANZHU
SHIGONG JISHU

化学工业出版社

·北京·

## 内容简介

本书较为系统地介绍了装配式混凝土结构构件的制作与安装过程，全书共分为6部分内容，分别介绍了装配式混凝土建筑的分类、特点、优势等基本知识，国内外装配式混凝土建筑的发展历程；装配式混凝土构件材料、配件和模具的使用要求，简单解读了装配式结构专项说明；典型预制构件的生产过程，包含生产设备调试、模具准备、预制构件制作、预制构件质量检验、预制构件运输、预制构件堆放的整个生产过程；典型预制构件现场吊装准备、施工流程及施工注意要点；建筑信息化模型BIM在构配件生产、物流运输、现场存储、现场施工等各个环节的应用；装配式混凝土建筑在生产、结构施工等环节质量验收要求，并列举了大量的验收报表可供参考。

为贯彻落实党的二十大精神，推进教育数字化，建设全民终身学习的学习型社会、学习型大国，绪论和模块均提供了相关的课件、微课视频及能力训练题。

本书可作为应用型本科和高等职业院校土建类专业相关课程教材，也可作为现场施工管理人员的参考用书。

### 图书在版编目（CIP）数据

装配式混凝土建筑施工技术 / 肖凯成，杨波，成汉标主编 . -- 2版 . -- 北京：化学工业出版社，2024. 10. -- ISBN 978-7-122-46402-6

Ⅰ．TU755

中国国家版本馆CIP数据核字第2024EX9264号

责任编辑：李仙华　　　　　　　　　装帧设计：张　辉
责任校对：王鹏飞

出版发行：化学工业出版社（北京市东城区青年湖南街13号　邮政编码100011）
印　　装：大厂回族自治县聚鑫印刷有限责任公司
787mm×1092mm　1/16　印张11½　字数278千字　2025年1月北京第2版第1次印刷

购书咨询：010-64518888　　　　　　　售后服务：010-64518899
网　　址：http：//www.cip.com.cn

凡购买本书，如有缺损质量问题，本社销售中心负责调换。

定　价：39.80元　　　　　　　　　　　　　　　　　　版权所有　违者必究

# 前·言

本教材自 2019 年出版以来，通过教学实践，在提高学生工作能力等综合素质方面有明显成效，得到了使用学校的普遍认同。2020 年荣获中国石油和化学工业优秀教材奖。

"装配式混凝土建筑施工技术"是建筑工程技术专业的核心课程，其课程目标是培养建筑工业化专业技术人才。本次修订教材将进一步对接建筑工程职业标准，突出岗位职业能力，将"立德树人"作为首要目标，提高学生职业素养，充分体现以学生为主体，坚持"做中学""学中做"的教育模式。

党的二十大报告指出，加快发展方式绿色转型，实施全面节约战略，发展绿色低碳产业，倡导绿色消费，推动形成绿色低碳的生产方式和生活方式。城乡建设领域是推动绿色发展、建设美丽中国的重要阵地。为应对建筑业经济结构的转型升级、供给侧改革及行业发展趋势，针对装配式建筑领域应用技术技能型人才培养的需求，本书较为系统地介绍了装配式混凝土结构的制作与安装。全书共分为 6 部分内容：绪论主要讲述装配式混凝土建筑的分类、特点、优势等基本知识；模块 1 主要讲述了预制混凝土构件材料及配件使用要求，简单解读了装配式结构专项说明；模块 2 介绍了典型预制构件的生产过程，包含生产设备调试、模具准备、预制构件制作、预制构件运输、预制构件堆放的整个生产过程；模块 3 主要介绍了典型预制构件现场吊装准备、施工流程及施工注意要点；模块 4 介绍了建筑信息化模型 BIM 在构配件生产、物流运输、现场存储、现场施工等各个环节的应用；模块 5 介绍了装配式混凝土结构在生产环节、结构施工等环节质量验收要求，并列举了大量的验收报表可供参考。

本教材配套有微课视频、动画等丰富的数字资源，可通过扫描书中二维码学习。同时还提供了配套的电子教案、课程标准库，资源素材库（包括教学课件、习题、实训、图片素材），能力训练题参考答案等，可登录网址 www.cipedu.com.cn 免费获取。

本教材由肖凯成、杨波、成汉标主编，李艳霞、张永强、姜荣斌副主编。常州工程职业技术学院肖凯成教授编写绪论、模块 5，江苏城乡建设职业学院张永强老师编写模块 1，泰州职业技术学院姜荣斌老师编写模块 2，常州光洋控股集团有限公司成汉标工程师编写模块 3，常州工程职业技术学院杨波、李艳霞老师编写模块 4。全书由上海建工四建集团有限公司副总工程师、工程研究院副院长谷志旺正高级工程师主审。

由于编写时间仓促，编者水平有限，书中存在的不足之处，恳请各位读者指正，以便后期修订。

编者

2024 年 8 月

# 第一版前言

随着装配式建筑工程规模的逐渐增大，从事装配式建筑研发、设计、生产、施工和管理等环节的从业人员，无论是数量还是素质均已经无法满足装配式建筑的市场需求。据统计，我国建筑工业化专业技术人才的缺口已近百万。截至目前，在高等院校、职业院校的培养教育方面，建筑工业化发展所需后备人才仍是空白，主要体现在装配式建筑的设计技术体系还不够完善，装配式建筑的技术体系还不够先进，装配式建筑的成本还略显偏高，装配式建筑的体制机制还不够健全，装配式建筑的舆论宣传还不够全面准确，建筑工业化的行业队伍水平还有待提升。

为应对建筑业经济结构的转型升级、供给侧改革及行业发展趋势，针对装配式建筑领域应用技术技能型人才培养的需求，本书较为系统地介绍了装配式混凝土结构的制作与安装，全书共分为6章：第1章装配式混凝土建筑概述，主要讲述装配式混凝土建筑的分类、特点、优势等基本知识；第2章装配式混凝土建筑预制构件制作基础，主要讲述了预制混凝土构件材料及配件使用要求，简单解读了装配式结构专项说明；第3章装配式混凝土建筑预制构件制作工艺，介绍了典型预制构件的生产过程，包含生产设备调试、模具准备、预制构件制作、预制构件运输、预制构件堆放的整个生产过程；第4章装配式混凝土建筑施工，主要介绍了典型预制构件现场吊装准备、施工流程及施工注意要点；第5章装配式混凝土建筑施工信息化应用技术，介绍了建筑信息化模型BIM在构配件生产、物流运输、现场存储、现场施工等各个环节的应用；第6章装配式混凝土建筑施工质量控制及验收，介绍了装配式混凝土结构在生产、结构施工等环节质量验收要求，并列举了大量的验收报表可供参考。

本书提供有电子课件、能力训练题参考答案，读者可登录网址 www.cipedu.com.cn 获取。

本书由常州工程职业技术学院肖凯成教授编写第1~3章，杨波老师编写第4、5章，江苏城乡建设职业学院杨建林教授编写第6章，全书由教授级高级工程师杜国程主审。由于编者水平有限，加上编写时间仓促，书中存在的不足之处，恳请各位专家、读者指正，以便后期修订。

编著者

2019年1月

# 目 录

## 绪 论　装配式混凝土建筑概述

- 0.1 装配式混凝土建筑简介 ...... 2
  - 0.1.1 装配式混凝土建筑的分类 ...... 2
  - 0.1.2 装配式混凝土建筑的特点 ...... 4
  - 0.1.3 装配式混凝土建筑优势分析 ...... 5
- 0.2 国外装配式混凝土建筑发展历程 ...... 11
  - 0.2.1 德国装配式混凝土建筑的发展历程 ...... 11
  - 0.2.2 美国装配式混凝土建筑的发展历程 ...... 12
  - 0.2.3 英国装配式混凝土建筑的发展历程 ...... 13
  - 0.2.4 日本装配式混凝土建筑的发展历程 ...... 15
- 0.3 国内装配式混凝土建筑发展历程、现状及存在问题 ...... 16
  - 0.3.1 国内装配式混凝土建筑发展历程 ...... 16
  - 0.3.2 国内装配式混凝土建筑发展现状 ...... 19
  - 0.3.3 国内装配式混凝土建筑发展存在的问题 ...... 20
- 能力训练题 ...... 21

## 模块 1　装配式混凝土建筑预制构件制作基础

- 1.1 预制构件深化设计图 ...... 26
  - 1.1.1 建筑工程施工图 ...... 26
  - 1.1.2 构件加工图 ...... 26
  - 1.1.3 预制构件模具设计图 ...... 27
  - 1.1.4 装配式结构专项说明的识读 ...... 27
- 1.2 装配式混凝土建筑常用材料和配件质量要求 ...... 32
  - 1.2.1 混凝土中原材料质量要求 ...... 32
  - 1.2.2 混凝土质量要求 ...... 33
  - 1.2.3 钢筋质量要求 ...... 33
  - 1.2.4 夹心保温材料质量要求 ...... 34
  - 1.2.5 预埋件质量要求 ...... 34
- 1.3 模具质量要求 ...... 34
  - 1.3.1 模具类型 ...... 34
  - 1.3.2 模具设计要点 ...... 34
  - 1.3.3 模具使用要求 ...... 36
  - 1.3.4 模具组装要求 ...... 37
- 1.4 预制构件安全生产技术要求 ...... 38
  - 1.4.1 预制构件安全技术资料要求 ...... 38
  - 1.4.2 预制构件现场生产安全技术要求 ...... 47
- 能力训练题 ...... 49

## 模块 2　装配式混凝土建筑预制构件制作工艺　52

- 2.1　预制构件成型工艺 ............................. 53
- 2.2　预制构件制作设备 ............................. 55
  - 2.2.1　生产线设备 ............................. 55
  - 2.2.2　预制混凝土构件运转设备 ..... 56
  - 2.2.3　起重设备、小型器具及其他设备 ......................................... 56
- 2.3　预制构件制作 .................................... 57
  - 2.3.1　固定台模生产线预制构件制作流程 ................................. 58
  - 2.3.2　自动化流水线预制构件制作流程 ................................. 63
- 2.4　预制叠合板制作工艺流程 ................. 65
- 2.5　预制框架柱制作工艺流程 ................. 68
- 2.6　预制框架梁制作工艺流程 ................. 69
- 2.7　预制楼梯制作工艺流程 ..................... 70
- 2.8　混凝土预制构件质量检验 ................. 71
  - 2.8.1　模具尺寸检查 ......................... 71
  - 2.8.2　预埋件、预留洞口质量检查 .. 72
  - 2.8.3　钢筋及接头的质量检查 ......... 73
  - 2.8.4　混凝土浇筑前质量检查 ......... 74
  - 2.8.5　预制构件装饰装修材料质量检查 ................................. 75
  - 2.8.6　构件外观质量检验 ................. 75
  - 2.8.7　构件尺寸检验 ......................... 76
- 2.9　预制构件生产管理 ............................. 77
  - 2.9.1　生产质量管理 ......................... 77
  - 2.9.2　生产安全管理 ......................... 79
  - 2.9.3　生产环境保护 ......................... 79
- 能力训练题 ....................................................... 79

## 模块 3　装配式混凝土建筑施工　82

- 3.1　装配式结构吊装设备 ......................... 83
  - 3.1.1　吊装索具 ................................. 83
  - 3.1.2　吊装起重设备 ......................... 84
- 3.2　框架结构预制构件施工 ..................... 88
  - 3.2.1　准备工作 ................................. 89
  - 3.2.2　构件安装施工 ......................... 92
- 3.3　实心剪力墙预制构件施工 ............... 104
  - 3.3.1　预制实心剪力墙安装操作流程 ....................................... 105
  - 3.3.2　预制实心剪力墙安装施工要点 ....................................... 106
- 3.4　双面叠合剪力墙预制构件施工 ....... 109
  - 3.4.1　双面叠合板式剪力墙结构施工工艺流程 ......................... 109
  - 3.4.2　构件安装施工 ....................... 109
  - 3.4.3　铝模板施工安装操作流程 ... 110
- 3.5　连接部施工 ....................................... 113
  - 3.5.1　套筒灌浆连接 ....................... 113
  - 3.5.2　铝模板连接施工 ................... 118
  - 3.5.3　后续现浇施工 ....................... 121
- 3.6　成品保护 ........................................... 121
  - 3.6.1　剪力墙成品保护 ................... 121
  - 3.6.2　叠合板成品保护 ................... 121
  - 3.6.3　楼梯成品保护 ....................... 122
  - 3.6.4　其余保护措施 ....................... 122
- 能力训练题 ..................................................... 122

## 模块 4　装配式混凝土建筑施工信息化应用技术　126

- 4.1　BIM 技术及无线射频识别技术 ...... 126
  - 4.1.1　BIM 技术概述 ..................... 126
  - 4.1.2　无线射频识别综述 ............. 127
  - 4.1.3　编码技术综述 ....................... 127
- 4.2　构配件的 BIM 应用 ........................ 128
  - 4.2.1　构配件生产制造阶段的

BIM 应用.......................... 129
4.2.2 构配件物流运输阶段的
BIM 应用.......................... 130
4.2.3 构配件现场存储阶段的
BIM 应用.......................... 131
4.3 基于 BIM 的装配式建筑现场施工
应用.................................... 131
4.3.1 基于 BIM 的施工现场布置
管理................................ 131
4.3.2 基于 BIM 的施工进度管理..132
4.3.3 基于 BIM 的施工成本管理..132
4.3.4 基于 BIM 的施工质量管理..133
4.4 基于 BIM 的装配式建筑组织实施
模式.................................... 134
4.4.1 基于 BIM 的装配式建筑管理
模式................................ 134
4.4.2 基于 BIM 的装配式建筑施工
应用管理.......................... 135
4.4.3 基于 BIM 的装配式建筑组织
体系................................ 135
能力训练题............................... 138

## 模块 5 装配式混凝土建筑施工质量控制及验收 140

5.1 概述.................................... 141
5.1.1 装配式混凝土建筑工程质量
控制内容及特点.............. 141
5.1.2 装配式混凝土建筑工程质量
影响因素........................ 141
5.1.3 装配式混凝土建筑工程质量
控制依据........................ 142
5.2 预制混凝土构件质量控制及验收... 143
5.2.1 预制混凝土构件生产质量
控制及验收..................... 143
5.2.2 预制混凝土构件出厂质量
检验................................ 148
5.3 装配式混凝土结构施工质量控制与
验收.................................... 150
5.3.1 预制混凝土构件进场验收 ... 150
5.3.2 预制混凝土构件安装施工过程
质量控制........................ 151
5.3.3 装配式混凝土结构子分部工程
验收................................ 160
5.4 装配式混凝土结构安装安全措施... 162
5.4.1 安全措施..................... 162
5.4.2 安全要求..................... 163
5.5 环境保护措施 ......................... 164
能力训练题............................... 165

## 综合能力训练题 168

## 参考文献 174

# 二维码一览表

| 二维码编号 | 名称 | 类型 | 页码 |
|---|---|---|---|
| 0-0 | 素质拓展1 | 视频 | 1 |
| 0-1 | 装配整体式框架结构体系 | | 2 |
| 0-2 | 装配式剪力墙结构体系 | | 2 |
| 0-3 | 多层全装配式混凝土墙-板结构 | | 3 |
| 0-4 | 装配整体式框架-剪力墙结构体系 | | 4 |
| 0-5 | 装配式混凝土建筑施工特征 | | 4 |
| 0-6 | 建筑产业化的基本内涵和应用优势 | | 5 |
| 0-7 | 装配式混凝土建筑的发展 | | 19 |
| 1-0 | 素质拓展2 | | 25 |
| 1-1 | 粗糙面处理 | | 30 |
| 1-2 | 预制构件养护 | | 41 |
| 1-3 | 预制构件脱模 | | 42 |
| 1-4 | 预制构件修补措施 | | 47 |
| 2-0 | 素质拓展3 | | 52 |
| 2-1 | 预制构件质量问题产生原因 | | 71 |
| 3-0 | 素质拓展4 | | 82 |
| 3-1 | 平面布置（吊装设备、运输路线、现场堆放） | | 83 |
| 3-2 | 现场吊装准备 | | 89 |
| 3-3 | 装配整体式框架结构常用连接节点构造 | | 93 |
| 3-4 | 叠合楼盖及预制楼梯常用连接节点连接构造 | | 100 |
| 3-5 | 装配整体式剪力墙结构常用连接节点构造 | | 106 |
| 3-6 | 钢筋套筒灌浆连接技术 | | 113 |
| 4-0 | 素质拓展5 | | 126 |
| 4-1 | BIM技术在装配式建筑中的应用—BIM技术 | | 127 |
| 4-2 | BIM技术在装配式建筑中的应用—BIM技术在生产阶段应用 | | 129 |
| 4-3 | BIM技术在装配式建筑中的应用—BIM技术在施工阶段应用 | | 132 |
| 5-0 | 素质拓展6 | | 140 |
| 5-1 | 装配式施工的安全管理—装配式施工存在的危险源 | | 162 |
| 5-2 | 装配式施工的安全管理—吊装的安全管理 | | 163 |
| 5-3 | 装配式施工的安全管理—人、构件运输、场地存放等安全管理 | | 163 |

# 绪论

# 装配式混凝土建筑概述

**知识目标：** 认识装配式混凝土结构体系特点及装配式发展历程、现行政策等。
**能力目标：** 能够对装配式混凝土项目进行简单的概述与评价。
**素质目标：** 具有密切关注和认真学习新工艺、新材料、新技术的品质。

## 任务介绍

某地块定向安置房项目位于地块南侧至规划地块西一号路的东、西及北侧；总用地面积 6691.2m$^2$，拟建 4 栋 9~16 层装配式钢筋混凝土结构住宅；总建筑面积 31685.49m$^2$，其中地上建筑面积 20055.49m$^2$，地下建筑面积为 11630.00m$^2$；绿地率 30%，容积率 3.0。

0-0 素质拓展 1

## 任务分析

根据要求，分析装配式建筑的特点、发展历程与前景、国内现行政策，分析常见结构体系以及装配式建筑评价标准。

随着现代工业技术的发展，建造房屋可以像机器生产那样，成批成套地制造，只要把预制好的房屋构件运到工地装配起来就成了。装配式混凝土建筑就是指以工厂化生产的混凝土预制构件为主，通过现场装配的方式设计，将预制混凝土构件或部件通过各种可靠的连接建造的混凝土结构类房屋建筑。该类建筑具有工业化水平高、建造速度快、施工质量佳、减少工地扬尘和减少建筑垃圾等优点，可以提高建筑质量和生产效率，降低成本，有效实现"四节一环保"的绿色发展要求。装配式混凝土建筑结构在美国、欧洲、日本、新西兰等以及中国的台湾、香港地区都有广泛应用。目前，我国建筑业和其他行业一样在进行工业化技术改造，预制装配式混凝土建筑在我国的应用也开始摆脱低谷，并呈上升趋势。

# 0.1 装配式混凝土建筑简介

## 0.1.1 装配式混凝土建筑的分类

装配式混凝土建筑根据装配化程度高低可分为部分装配和全装配两大类。部分装配混凝土建筑主要构件一般为预制构件，在现场通过现浇混凝土连接，形成装配式结构的建筑；全装配建筑一般限制为低层或抗震设防要求较低的多层建筑。

装配式混凝土建筑按结构体系可分为装配式混凝土框架结构、装配式混凝土剪力墙结构、装配式混凝土框架－剪力墙结构。

### 0.1.1.1 装配式混凝土框架结构

装配式混凝土框架结构一般由预制梁、预制柱（现浇柱）、预制楼梯、预制楼板、预制外挂墙板等构件组成。结构传力路径明确，装配效率高，现场湿作业少，是最适合进行预制装配化的结构形式。这种结构形式适用于开敞大空间的建筑，如商场、厂房、仓库、停车场、教学楼、办公楼、商务楼、医务楼等，近几年也逐渐在居民住宅等民用建筑中使用，如图0-1-1所示。

0-1 装配整体式框架结构体系

图 0-1-1 装配式混凝土框架结构

装配式混凝土框架结构的节点连接类型可分为干式连接和湿式连接。根据节点连接方式的不同，结构按照等同现浇结构和不等同现浇结构进行设计。等同现浇结构时节点通常采用湿式连接，节点区采用后浇混凝土进行整体浇筑，结构的整体性、抗震等级等具有和现浇结构相同的结构性能，结构设计时可采用与现浇混凝土相同的方法进行结构分析，可以结合预制外挂墙板应用，减少现场的湿作业。不等同现浇连接通常采用螺栓等干式连接方式，此种连接方式国外的应用和研究较多，在国内由于研究得不够充分，受力体系和计力法尚不明确，目前使用较少。不等同现浇结构的耗能机制、整体性能和设计方法具有不确定性，需要适当考虑节点的性能。总体来说，从结构性能、构件生产及施工安装等方面考虑，装配式混凝土框架结构是最简单、最适合的结构体系。

### 0.1.1.2 装配式混凝土剪力墙结构

0-2 装配式剪力墙结构体系

目前，我国装配式建筑的主要结构形式是预制装配式剪力墙结构体系。它可以分为三种：装配整体式剪力墙结构（部分或全部剪力墙预制），多层装配式剪力墙结构，叠合板式混凝土剪力墙结构。

（1）装配整体式剪力墙结构

装配整体式剪力墙结构主要指部分或全部剪力墙采用预制构件，预制剪力墙之间的接缝采用湿式连接，水平接缝处钢筋可采用套筒灌浆连接、浆锚搭接连接和底部预留后浇区钢筋搭接连接的形式。该结构体系主要用于高层建筑，在北京万科的工程中采用了这种结构，并且已经作为试点工程进行推广。该结构体系有较高的预制化率，同时也存在某些缺点，比如施工难度较大、拼缝连接构造较复杂。到目前为止，不论是在全预制剪力墙结构的研究方面还是在工程实践方面都有所欠缺，值得进一步深入研究。装配整体式剪力墙结构如图 0-1-2 所示。

（2）多层装配式剪力墙结构

0-3 多层全装配式混凝土墙-板结构

通过借鉴日本与我国 20 世纪的实践，同时考虑到我国城镇化与新农村建设的发展，顺应各方需求，可以适当地降低房屋的结构性能，研究开发出一种新型多层预制装配式剪力墙结构体系。与高层装配式整体剪力墙结构相比，这种结构对于预制墙体之间的连接均有所简化，只进行部分钢筋的连接，配筋率、配箍率标准降低，具有速度快、效率高、施工简单的优点，适用于村镇地区大量的 6 层以下低、多层住宅建筑。同时，作为一种新型结构形式，还需要进一步地深入研究、总结和完善建造实践。

（3）叠合板式混凝土剪力墙结构

由叠合墙板和叠合楼板（现浇楼板），辅以必要的现浇混凝土剪力墙、边缘构件、梁、板等构件共同形成的剪力墙结构。叠合式墙板可采用双面叠合和单面叠合剪力墙。

双面叠合剪力墙是一种内外叶预制墙板和中间后浇混凝土层组成的竖向墙体构件，即采用剪力墙内侧面和外侧面预制，中间现浇，如图 0-1-3 所示。在工厂生产叠合墙板和叠合楼板时，在叠合墙板和叠合楼板内设置钢筋桁架，钢筋桁架既可作为吊点，又能增加构件平面外刚度，防止起吊时构件的开裂。同时钢筋桁架作为连接双面叠合墙板的内外叶预制板与二次浇注夹心混凝土之间的拉接筋，作为叠合楼板的抗剪钢筋，保证预制构件在施工阶段的安全性能，提高结构整体性能和抗剪性能。在进行双面叠合的剪力墙结构分析时，虽可采用等同现浇剪力墙的结构计算方法进行设计，但差异很大，故适用高度较小。双面叠合剪力墙结构适用于抗震设防烈度为 7 度及以下的地震区和非地震区，建筑高度通常在 60m 以下、层数在 18 层以内的多层和高层建筑。当超过 60m 时，需进行专项论证，双面叠合混凝土结构中的预构件采用全自动机械化生产，构件摊销成本明显降低，现场装配率、数字信息化控制精度高，整体性与结构性能好，防水性能与安全性能得到有效保证。

图 0-1-2 装配整体式剪力墙结构

图 0-1-3 双面叠合混凝土剪力墙结构

单面叠合混凝土剪力墙结构是指建筑物外围剪力墙采用钢筋混凝土单面预制叠合剪力墙，其他部位剪力墙采用一般钢筋混凝土剪力墙的一种剪力墙结构形式，即采用建筑外围剪力墙外侧面预制，内侧面现浇。和预制混凝土构件相同，预制叠合剪力墙的预制部分即预制剪力墙板在工厂生产制作、养护，达到设计强度后运抵施工现场，安装就位后和现浇部分整浇形成预制叠合剪力墙。带建筑饰面的预制剪力墙板不仅可作为预制叠合剪力墙的一部分参与结构受力，浇筑混凝土时还可兼作外墙模板，外墙立面也不需要二次装修，可完全省去施工外脚手架。这种PCF工法成本低、效率高、质量有保证，可明显提高剪力墙结构住宅建设的工业化水平，是实现剪力墙结构住宅产业化、工厂化生产的一种方式。单面叠合剪力墙的受力变形过程、破坏模式和普通剪力墙相同，故剪力墙结构外墙采用单面叠合剪力墙不改变房屋主体的结构形式，在进行单面叠合剪力墙结构分析时，依然采用等同现浇剪力墙的结构计算方法进行设计。

### 0.1.1.3 装配式混凝土框架 - 剪力墙结构

0-4 装配整体式框架 - 剪力墙结构体系

装配式混凝土框架 - 剪力墙结构由装配整体式框架结构和剪力墙（现浇核心筒）两部分组成。这种结构形式中的框架部分采用与预制装配整体式框架相同的预制装配技术，将预制装配框架技术应用于高层及超高层中。由于对这种结构形式的整体受力还缺乏深入的研究，因此剪力墙只能采取现浇手段。

## 0.1.2 装配式混凝土建筑的特点

### 0.1.2.1 优点

0-5 装配式混凝土建筑施工特征

（1）施工周期短

装配式混凝土建筑施工不受天气影响，适用于每年室外施工时间较短的寒冷地区。大约一层需要一天，实际需要的工期是一层3~4天。同时在施工过程中运用装配式施工，提高了施工机械化程度，降低了劳动强度，从而降低了劳动力方面的资金投入。据统计，高层可以缩短1/3工期，多层和低层则可以缩短1/2工期，使现场安装施工周期大幅缩短。

（2）环境负荷低

装配式混凝土建筑大部分预制构件的生产在工厂内就可完成，降低了现场作业量，大大减少了生产过程中的建筑垃圾。同时，大幅度地降低了由于湿作业产生的诸如废水、建筑噪声、粉尘污染等。在建筑材料的运输、装卸以及堆放等过程中，选用装配式建筑可以大量地减少扬尘污染。在现场，预制构件不需要泵送混凝土，可有效减少噪声污染，而且装配式混凝土建筑施工高效的施工速度、夜间施工时间的缩短可以有效减少光污染。

（3）资源浪费少

建造装配式混凝土建筑的预制构件都是在工厂内流水线生产的，流水线生产的好处有：其一，可以循环利用生产机器和模具，这就使得资源消耗极大地减少；其二，传统的建造方式不仅要在外墙搭接脚手架，而且需要临时支撑，造成很多的钢材以及木材的耗费，大量消耗了自然资源，装配式混凝土建筑不同，它在施工现场只有拼装与吊装这两个环节，极大地降低了模板和支撑的使用量。尤其不容忽视的是，装配式混凝土建筑在建造阶段采取的节能、节水、节材等措施所投入的费用，在后期运营阶段比传统建筑减少了很大一部分资源的消耗，形成的效益日益凸显。

（4）质量有保证

首先，装配式混凝土建筑实行建筑、结构、装饰的一体化设计，会大量减少质量隐患；

其次，装配式混凝土建筑预制构件采用机械自动化、信息化管理的流水线生产，工人分工明确、技术熟练、人员稳定，施工地点集中，施工过程易于监控，从而保证了施工质量；再次，预制混凝土构件是集中在工厂进行养护，其温度、湿度等环境因素也易于控制，强度变异系数小于现浇混凝土，有利于提高混凝土构件的质量；最后，预制混凝土构件在工厂生产时可使用复杂的、造型多变的模板，表面质量好，无须粉刷即可作为清水混凝土使用，同时避免了施工现场很多人为因素的破坏及施工上的转包行为，解决了传统建造模式中普遍存在的漏水、隔声及隔热效果差等质量通病。

#### 0.1.2.2 缺点

（1）成本相对增高

装配式混凝土建筑初期，工业化建筑产品成本低于传统建筑。当前用预制混凝土大板形式建造的住宅和办公大楼的成本通常高于常规建造技术建造的建筑物。主要原因有以下几点：①现有单位体积预制构件采购价格高于现场现浇施工作业时的构件造价；②预制构件节点连接处钢筋的搭接导致总用钢量有所提升；③预制构件中所采用的某些连接件，目前市场价格较高；④如果使用了保温夹芯板构造，节点复杂，大板缝隙的密封处理也会导致额外的费用；⑤大体量的预制构件运输增加运输成本；⑥预制构件重量较传统吊装能力要求提高，增加了现场吊装环节塔吊等机械措施费用。

（2）整体性能较差

预制混凝土结构由于其本身构件拼装特点，其结构连接节点属于"脆弱"的关键点，因此在设计、制作、施工和使用过程中必须严格按照设计要求和规范去做，坚决杜绝在施工中钢筋与套筒不对位，用气焊烤钢筋将钢筋煨弯，钢筋连接点灌浆不饱满和预制构件灌浆料孔道堵塞、凿开后填塞浆料，因为它们对结构的整体性能和抗震性能起着决定性作用，可能会导致灾难性事故。我国属于地震多发区，对建筑结构的抗震性能要求高，如采用预制混凝土结构，则必须加强节点连接和保证施工质量。

（3）缺乏张扬个性

装配式混凝土建筑须建立在规格化、模数化和标准化的基础上，要求任何一个建设项目，包括管道、建筑设备、电气安装、预埋件都必须事先设计完成，并在工厂里安装在混凝土大板中，只适合大量重复建造的标准单元。这就导致标准化的组件个性化设计降低，对于个性化突出且重复元素少的建筑不适用。

### 0.1.3 装配式混凝土建筑优势分析

#### 0.1.3.1 工期、成本可控

由于构件的工厂化生产，可以把施工现场大量的重复性工作利用高度机械化和自动化的预制生产线进行工业化生产，再结合构件的定型化和标准化，从而使劳动效率显著提高。预制装配施工中，构件制作工时占总工时的65%，安装占20%~25%，运输占10%~15%。由此可知，大量的工作已从现场转移到工厂，从而显著缩短了施工工期。据欧洲国家统计，按传统建筑方法，每平方米建筑面积约需2.25工日，而预制装配式建筑施工仅用1.0工日即可，可节约人工25%~30%，降低造价10%~15%，缩短工期约50天。如日本一幢100户的五层住宅建设工期，采用传统施工方法为240天，当采用预制装配式结构以后，只用了180天就完工了。

0-6 建筑产业化的基本内涵和应用优势

#### 0.1.3.2 社会效益好

通过对某项目结构完全相同的两栋楼分别按装配式混凝土建筑建造和按传统现浇混凝土建筑建造，进行节材、节水、节能、环保等方面的对比。

（1）钢材消耗

装配式混凝土建筑单位平方米钢筋消耗量为 $58.3kg/m^2$，传统现浇混凝土建筑单位平方米钢筋为 $55.9kg/m^2$，前者比后者增加了 $2.4kg/m^2$，单位平方米钢筋用量增加了 4.29%。增加的部分包含：①叠合楼板的使用，比现浇楼板多用了桁架钢筋；②三明治外墙板的采用，比传统住宅外墙增加了 50mm 的混凝土保护层，钢筋用量有所增加；③预制构件在制作和安装过程中需要大量的钢制预埋件，增加了部分钢材用量；④我国目前对于装配式混凝土建筑仍在探索阶段，部分项目考虑到建筑的安全与可靠，在一些节点的设计上偏于保守，导致配筋增加。

减少的部分包含：①预制构件的工厂化生产大大降低了钢材损耗率，利用率增加，以某项目为例，钢材损耗率降低了 48.8%；②预制构件的工厂化生产减少了现场施工的马凳筋等措施钢筋。

（2）混凝土消耗

装配式混凝土建筑单位平方米混凝土消耗量为 $0.4775m^3/m^2$，传统现浇混凝土建筑单位平方米混凝土消耗量为 $0.4667m^3/m^2$，前者比后者单位平方米混凝土消耗量增加 2.31%。增加的部分包含：①叠合楼板（厚 130~140mm，其中预制部分一般为 60mm，现浇部分一般为 70mm 以上；而现浇楼板厚一般为 100~120mm）的使用增加了楼板厚度，导致混凝土消耗量增加；②部分项目的预制外墙采用夹芯保温，根据结构设计要求，比传统住宅外墙（外墙外保温一般采用 10mm 砂浆保护层）增加了 50mm 的混凝土保护层。

减少的部分由于预制构件在工厂生产，避免了以往在现场施工受施工条件影响等原因造成的浪费，提高了材料的使用效率。

（3）木材消耗

如表 0-1-1 所示，装配式混凝土建筑预制构件在生产过程中采用周转次数高的钢模板替代木模板，同时叠合板等预制构件在现场施工过程中也可以起到模板的作用，减少了施工中大量使用木模板的需求。装配式混凝土建筑相比传统现浇混凝土建筑单位平方米木材节约 59.30%，大大节约了木材的消耗量。

表 0-1-1　装配式混凝土建筑与传统现浇混凝土建筑单位平方米木材消耗量对比表

单位：$m^3/m^2$

| 序号 | 传统现浇混凝土建筑 | 装配式混凝土建筑 | 节省量 | 节省率 /% |
| --- | --- | --- | --- | --- |
| 1 | 0.138 | 0.067 | 0.071 | 51.45 |
| 2 | 2.585 | 1.209 | 1.376 | 53.23 |
| 3 | 3.7 | 1.08 | 2.62 | 70.81 |
| 4 | 2.79 | 1.08 | 1.71 | 61.29 |
| 5 | 0.335 | 0.26 | 0.075 | 22.39 |
| 6 | 0.91 | 0.43 | 0.48 | 52.75 |
| 7 | 2.88 | 1.28 | 1.6 | 55.56 |
| 8 | 0.44 | 0.19 | 0.25 | 56.82 |
| 平均 | 1.72 | 0.70 | 1.02 | 59.30 |

（4）保温材料消耗

通过选取两组保温材料均为保温板的项目进行对比。从表 0-1-2 分析得到，装配式混凝土建筑与传统现浇混凝土建筑单位平方米保温材料消耗量节约 51.85%。

表 0-1-2　装配式混凝土建筑与传统现浇混凝土建筑单位平方米保温材料消耗量对比表

单位：$m^3/m^2$

| 序号 | 传统现浇混凝土建筑（EPS 保温板） | 装配式混凝土建筑（XPS 保温板） | 节省量 | 节省率 /% |
|---|---|---|---|---|
| 1 | 1.16（0.58×2） | 0.56 | 0.60 | 51.72 |
| 2 | 1.38（0.69×2） | 0.663 | 0.72 | 52.17 |
| 平均 | 1.27 | 0.61 | 0.66 | 51.85 |

注：表中计算过程中取传统现浇住宅保温材料用量的两倍与装配式住宅保温材料用量进行对比。

原因如下：

其一，现浇混凝土建筑由于竖向施工操作面复杂、材料保护不到位、工人的操作水平较低和环保意识较差，导致现场施工过程中保温板的消耗量较大。

其二，目前装配式混凝土建筑采用的外墙夹心保温寿命可实现与结构设计 50 年使用寿命相同，而现浇住宅外墙外保温的设计使用年限只有 25 年。同时预制三明治外墙板常用挤塑聚苯板（XPS），它的热导率小于传统现浇建造方式常用的膨胀聚苯板（EPS），这样从节能计算上推算，满足同样的节能设计要求，XPS 的用量要小于 EPS 的用量，但 XPS 有最小构造要求，导致两者的实际用量差异不大，但预制三明治外墙板的保温效果较普通外保温有所提高。

（5）水泥砂浆消耗

从表 0-1-3 可以看出，装配式建造方式相比传统现浇混凝土建筑单位平方米水泥砂浆消耗量减少 55.13%。这是由于外墙粘贴保温板的方式不同，装配式混凝土建筑建造方式的预制墙体采用夹心保温，保温板在预制构件厂内同结构浇筑在一起，无须使用砂浆及黏结类材料；其次预制构件无须抹灰，减少了大量传统现浇混凝土建筑的墙体抹灰量。

表 0-1-3　装配式混凝土建筑与传统现浇混凝土建筑单位平方米水泥砂浆消耗量对比表

单位：$m^3/m^2$

| 序号 | 传统现浇混凝土建筑 | 装配式混凝土建筑 | 节省量 | 节省率 /% |
|---|---|---|---|---|
| 1 | 0.0692 | 0.029 | 0.0402 | 58.09 |
| 2 | 0.107 | 0.056 | 0.0501 | 47.66 |
| 3 | 0.05 | 0.019 | 0.031 | 62.00 |
| 4 | 0.0296 | 0.009 | 0.0206 | 69.59 |
| 5 | 0.091 | 0.056 | 0.035 | 38.46 |
| 6 | 0.063 | 0.04 | 0.023 | 36.51 |
| 7 | 0.0368 | 0.003 | 0.0338 | 91.85 |
| 8 | 0.086 | 0.027 | 0.059 | 68.60 |
| 平均 | 0.07 | 0.03 | 0.04 | 55.13 |

（6）水资源消耗

由表 0-1-4 可以看出，装配式混凝土建筑相比传统现浇混凝土建筑单位平方米水资源消耗量减少 24.29%。这是由于构件厂在生产预制构件时采用蒸汽养护，养护用水可循环使用,并且养护时间和输气量可以根据构件的强度变化进行科学计算和严格控制,大大减少了构件养护用水;现场混凝土施工大大减少,施工现场冲洗固定泵和搅拌车的用水量减少;现场工地施工人员的减少使得施工生活用水减少。

表 0-1-4  装配式混凝土建筑与传统现浇混凝土建筑单位平方米水资源消耗量对比

单位:m³/m²

| 序号 | 传统现浇混凝土建筑 | 装配式混凝土建筑 | 节省量 | 节省率/% |
| --- | --- | --- | --- | --- |
| 1 | 0.070 | 0.060 | 0.010 | 14.29 |
| 2 | 0.103 | 0.089 | 0.014 | 13.59 |
| 3 | 0.096 | 0.083 | 0.013 | 13.54 |
| 4 | 0.078 | 0.058 | 0.020 | 25.64 |
| 5 | 0.081 | 0.072 | 0.009 | 11.11 |
| 6 | 0.093 | 0.078 | 0.015 | 16.13 |
| 7 | 0.076 | 0.052 | 0.024 | 31.58 |
| 8 | 0.080 | 0.050 | 0.030 | 37.50 |
| 9 | 0.090 | 0.070 | 0.020 | 22.22 |
| 10 | 0.110 | 0.065 | 0.045 | 40.91 |
| 11 | 0.070 | 0.040 | 0.030 | 42.86 |
| 平均 | 0.09 | 0.07 | 0.02 | 24.29 |

(7)能源消耗

从表 0-1-5 可以看出,装配式混凝土建筑比传统现浇混凝土建筑单位平方米电力消耗量减少 11.22%。这是由于现场施工作业减少,混凝土浇捣的振动棒、焊接所需电焊机及塔吊使用频率减少,以塔吊为例,装配式建造方式施工多是大型构件的吊装,而在传统现浇混凝土建筑施工过程中往往是将钢筋、混凝土等各种材料分多次吊装;预制外墙若采用夹芯保温,保温板在预制场内同结构浇注为一体,现场保温施工中的电动吊篮的耗电量小;预制构件的工厂化,最大程度地避免了夜间施工,工地照明电耗减少,装配式混凝土建筑比传统现浇混凝土建筑的木模板使用量少,加工耗电量减少。

表 0-1-5  装配式混凝土建筑与传统现浇混凝土建筑单位平方米电力消耗量对比表

单位:kW·h/m²

| 序号 | 传统现浇混凝土建筑 | 装配式混凝土建筑 | 节省量 | 节省率/% |
| --- | --- | --- | --- | --- |
| 1 | 6.75 | 3.2 | 3.55 | 52.59 |
| 2 | 7.28 | 2.32 | 4.96 | 68.13 |
| 3 | 10.02 | 8.25 | 1.77 | 17.66 |
| 4 | 17.1 | 16.01 | 1.09 | 6.37 |
| 5 | 4.86 | 2.26 | 2.6 | 53.50 |
| 6 | 6.98 | 5.88 | 1.1 | 15.76 |
| 7 | 3.12 | 1.6 | 1.52 | 48.72 |
| 8 | 3.4 | 3.6 | −0.2 | −5.88 |
| 9 | 17.1 | 15.5 | 1.6 | 9.36 |
| 10 | 5 | 4 | 1 | 20.00 |
| 11 | 16.4 | 15.35 | 1.05 | 6.40 |
| 平均 | 8.91 | 7.09 | 1.00 | 11.22 |

#### 0.1.3.3 环保

(1) 建筑垃圾排放

表 0-1-6 显示，装配式混凝土建筑比传统现浇混凝土建筑单位平方米建筑垃圾的排放量降低 69.09%，减排效果明显。减少的建筑垃圾主要包括废砌块、废模板、废弃混凝土、废弃砂浆等。

表 0-1-6 装配式混凝土建筑与传统现浇混凝土建筑单位平方米建筑垃圾排放量对比表

单位：kg/m²

| 序号 | 传统现浇混凝土建筑 | 装配式混凝土建筑 | 减排量 | 减排率 /% |
| --- | --- | --- | --- | --- |
| 1 | 38.9 | 13.9 | 25 | 64.27 |
| 2 | 10 | 4.9 | 5.1 | 51.00 |
| 3 | 23 | 14 | 9 | 39.13 |
| 4 | 30 | 5 | 25 | 83.33 |
| 5 | 11 | 6 | 5 | 45.45 |
| 6 | 8.5 | 2 | 6.5 | 76.47 |
| 7 | 20 | 3 | 17 | 85.00 |
| 8 | 41 | 13 | 28 | 68.29 |
| 9 | 26 | 5 | 21 | 80.77 |
| 10 | 31 | 5 | 26 | 83.87 |
| 11 | 22 | 9 | 13 | 59.09 |
| 平均 | 23.76 | 7.35 | 16.42 | 69.09 |

(2) 粉尘和噪声排放对比

为测定装配式混凝土建筑施工阶段的空气质量和噪声排放，在同一时间对同一项目的两栋不同建造方式的建筑进行了数据实测。

施工现场粉尘浓度的监测形式有现场取样和实验室分析，主要检测的空气成分为 $PM_{10}$、$PM_{2.5}$ 等。

根据施工现场粉尘浓度监测数据统计分析，表 0-1-7 监测结果表明，装配式施工现场的 $PM_{2.5}$ 和 $PM_{10}$ 的排放较少，主要是由于采用预制混凝土构件，减少了建筑材料运输、装卸、堆放、挖料过程中，各种车辆行驶过程中产生的扬尘；预制内外墙无须抹灰，大大减少了土建粉刷等易起灰尘的现场作业；脚手架使用量少，减少了落地灰的产生；模板和砌块等的切割工作少，减少了相关空气污染物的产生。

表 0-1-7 $PM_{2.5}$ 和 $PM_{10}$ 浓度实测表

| 测点位置 | 传统现浇混凝土建筑 | 装配式混凝土建筑 |
| --- | --- | --- |
| $PM_{2.5}/(\mu g/m^3)$ | 70 | 57 |
| $PM_{10}/(\mu g/m^3)$ | 89 | 69 |

(3) 施工现场噪声排放测算

施工现场噪声排放测算是依据《建筑施工场界环境噪声排放标准》(GB 12523—2011) 和《声环境质量标准》(GB 3096—2008) 等标准，选择若干装配式混凝土建筑与传统现浇混凝土建筑施工现场的测点对噪声进行了检测，经背景噪声修正后的测量结果。

从表 0-1-8 的监测结果可以看出，装配式混凝土建筑采用的是工业化方式，预制构件在工厂中生产，减少了现场支拆模的大量噪声；预制构件的安装方式减少了钢筋切割的现场工序，避免高频摩擦声的产生，在施工过程中相应缩短了最高分贝噪声的持续时长，施工的测点均满足噪声排放国家标准要求。而传统现浇混凝土施工区域测点中的数据超标较多，在施工过程中，采用较多的大型机械设备产生了大量施工噪声，如挖土机、重型卡车的马达声；自卸汽车倾卸块材的碰撞声等，其混合噪声甚至能达到100dB以上。主体工程施工阶段，来自切割钢筋时砂轮与钢筋发出的高频摩擦声，支模、拆模时的撞击声，振捣混凝土时振捣器发出的高频蜂鸣声等。这些噪声的强度大都在80~90dB。

表 0-1-8　装配式混凝土建筑施工现场噪声监测结果　　　　单位：dB

| 序号 | 12月8日（吊装） | | 12月11日（综合） | | 12月13日（浇筑） | |
|---|---|---|---|---|---|---|
| | 上午 | 下午 | 上午 | 下午 | 上午 | 下午 |
| 1 | 62.4 | 64.3 | 65.8 | 69.6 | 67.3 | 64.4 |
| 2 | 57.3 | 61.1 | 63.7 | 60.1 | 57.0 | 60.9 |
| 3 | 63.1 | 66.5 | 69.7 | 69.1 | 68.7 | 68.9 |
| 4 | 60.3 | 63.0 | 61.8 | 61.7 | 63.6 | 61.4 |
| 5 | 65.4 | 72.9 | 66.2 | 65.2 | 61.3 | 65.1 |
| 6 | 68.1 | 72.1 | 70.4 | 81.4 | 71.1 | 62.7 |
| 7 | 81.3 | 82.9 | 67.4 | 68.5 | 63.4 | 62.4 |
| 标准限制 | 70 | | | | | |

（4）碳排放

经过在施工现场对两种建造方式使用材料碳排放的测算，分析发现装配式混凝土建筑比传统现浇混凝土建筑在建造阶段单位平方米可减少碳排放2726kg。

### 0.1.3.4　企业效益明显

（1）生产效率及设备周转率

提高生产效率，提高设备周转率，可大幅提高企业单位时间的盈利能力。以18层的小高层住宅为例，使用工业化的生产方式，可提高生产效率40%~55%，提高设备周转率60%。

（2）资金周转率

工业化技术可提高资金运营效率，这是提高开发企业盈利水平的关键。以18层的小高层住宅为例，使用工业化的生产方式，上部主体平均能够缩短150天施工周期。这显然能够为企业提前争取到资金的回流，加快企业资金的运作率。

### 0.1.3.5　消费者利益有保障

（1）出品质量

工业化技术可使建筑产品具有稳定的出品质量，提高建筑交付时消费者的满意度；能够最大程度提高结构精度，杜绝墙体开裂、门窗漏水等质量通病。在精确度上，以混凝土柱的垂直度误差为例，按照传统施工方法制作的混凝土构件尺寸误差允许值为5~8mm，而以工业化预制方式生产的混凝土柱子的误差在2mm以内。混凝土的表面平整度偏差小于0.1%，外墙瓷片拉拔强度提高9倍。

工业化技术可提高资金运营效率，这是提高开发企业盈利水平的关键。以18层的小高层住宅为例，使用工业化的生产方式，上部主体平均能够缩短150天施工周期。这显然能够为企业提前争取到资金的回流,加快企业资金的运作率。

(2)后期维护

可使建筑产品在交付后的长期使用中减少维修次数及维修费用。工厂中生产的构件,具有更好的耐久性,减少了后期维护次数。分离式设备体系,又为设备的维护和更换提供了可能性,大大提升了建筑物的使用寿命,减少了维护成本。

(3)房屋性能的提升

新的建造方式的出现,为新技术的应用提供了一个更加宽容的技术应用平台。新的围护和隔墙体系的出现,大大提升了隔声和保温性能。

(4)使用安全性

严格把控的室内装修施工,让消费者居住更加安心。配合工业化住宅出现的 VSI 内装体系,使室内装修一次到位。装修材料部品工厂化加工,现场组装、安装、拼装施工,让施工质量大幅度提升。现场作业的减少,也大幅度地避免了二次污染,而严格把控的装修材料,注重质量和环保,大大减少了因为装修而带来的室内环境污染,为消费者带来安全和健康。

## 0.2 国外装配式混凝土建筑发展历程

### 0.2.1 德国装配式混凝土建筑的发展历程

德国主要是采用钢筋混凝土框架剪力墙结构形式,剪力墙、梁柱、楼板、外挂墙板及内隔墙墙板等构件均可采用工厂化预制。德国是全球建筑能耗降低幅度发展最快的国家,首先提出"被动房"建筑技术体系,找到了被动房的最佳技术组合,并于 1990 年成功建造了世界上第一栋被动房试验建筑。从以往的大幅度的节能到被动式建筑,德国都通过预制装配式建筑来实现。

(1)装配式建筑的起源

德国以及其他欧洲发达国家建筑工业化起源于 20 世纪初,主要在两方面起到推动作用:社会经济因素——城市化发展需要以较低的造价迅速建设大量住宅、办公和厂房等建筑;建筑审美因素——建筑及设计界摒弃了古典建筑形式及其复杂的装饰,崇尚极简的新型建筑美学,尝试新建筑材料(混凝土、钢材、玻璃)的表现力。在雅典宪章所推崇的城市功能分区思想指导下,建设大规模居住区,促进了建筑工业化的应用。

在 20 世纪 20 年代以前,欧洲建筑通常呈现为传统建筑形式,套用不同历史时期形成的建筑样式,此类建筑的特点是大量应用装饰构件,需要大量人工劳动和手工艺匠人的高水平技术。随着欧洲国家迈入工业化和城市化进程,农村人口大量流向城市,需要在较短时间内建造大量住宅办公和厂房等建筑。因为标准化、预制混凝土大板建造技术能够缩短建造时间、降低造价,因而其首先应运而生。

德国最早的预制混凝土板式建筑是 1926~1930 年间在柏林利希藤伯格-弗里德希菲尔德(Berlin-Lichtenberg,Friedrichsfelde)建造的战争伤残军人住宅区,如今该项目的名称是施普朗曼(Placeman)居住区,如图 0-2-1 所示。该

图 0-2-1 德国施普朗曼居住区

项目共有 138 套住宅，为 2～3 层建筑，采用现场预制混凝土多层复合板材构件，构件最大重量达到 7t。

（2）第二次世界大战后德国大规模装配式住宅建设

第二次世界大战结束以后，德国由于战争破坏和大量战争难民回归本土，住宅严重紧缺。德国用预制混凝土大板技术建造了大量住宅建筑。这些大板建筑为解决当年住宅紧缺问题做出了贡献，但今天这些大板建筑也因缺少维护更新产生了很多社会问题，饱受诟病，成为城市更新首先要改造的对象，有些地区已经开始大面积拆除这些大板建筑。

（3）德国目前装配式建筑发展概况

预制混凝土大板技术相比常规现浇加砌体建造方式，造价高，建筑缺少个性，难以满足今天的社会审美要求，1990 年以后基本不再使用。混凝土叠合墙板技术发展较快，应用较多的德国今天的公共建筑、商业建筑、集合住宅项目大都因地制宜，根据项目特点，选择现浇与预制构件混合建造体系或钢混结构体系建设实施，并不追求高比例装配率，而是通过策划、设计、施工各个环节的精细化优化过程，寻求项目的个性化、经济性、功能性和生态环保性能的综合平衡。随着工业化进程的不断发展、BIM 技术的应用，建筑业工业化水平不断提升，建筑上采用工厂预制、现场安装的建筑部品日趋增多，占比愈来愈大。尤其是小住宅建设方面，装配式建筑占比最高，2015 年末达到 16%。2015 年 1～7 月德国共有 59752 套独栋或双拼式住宅通过审批开工建设，其中预制装配式建筑为 8934 套。这一期间，独栋或双拼式住宅新开工建设总量较去年同期增长 1.8%；而其中预制装配式住宅同比增长 7.5%，显示出装配式建筑在这一领域颇受市场欢迎和认可。

### 0.2.2　美国装配式混凝土建筑的发展历程

美国的工业化住宅起源于 20 世纪 30 年代，当时它是汽车拖车式的、用于野营的汽车房屋，最初作为车房的一个分支业务而存在，主要是为选择迁移、移动生活方式的人提供一个住所。但是在 20 世纪 40 年代，也就是第二次世界大战期间，野营的人数减少了，旅行车被固定下来，作为临时的住宅。第二次世界大战结束以后，政府担心拖车造成贫民窟，不许再用其来做住宅。

20 世纪 50 年代后，人口大幅增长，军人复员，移民涌入，同时军队和建筑施工队也急需简易住宅，美国出现了严重的住房短缺。这种情况下，许多业主又开始购买旅行拖车作为住宅使用。于是政府又放宽了政策，允许使用汽车房屋。同时，受它的启发，一些住宅生产厂家也开始生产外观更像传统住宅，但是可以用大型的汽车拉到各个地方直接安装的工业化住宅。可以说，汽车房屋是美国工业化住宅的一个雏形。

1976 年，美国国会通过了国家工业化住宅建造及安全法案，同年开始由 HUD 负责出台一系列严格的行业规范标准，一直沿用到今天。除了注重质量，现在的工业化住宅更加注重提升美观、舒适性及个性化，许多工业化住宅的外观与非工业化住宅外观差别无几。新的技术不断出台，节能方面也是新的关注点，这说明，美国的工业化住宅经历了从追求数量到追求质量的阶段性转变。

美国 1997 年新建住宅 147.6 万套，其中工业化住宅 113 万套，均为低层住宅，其中主要为木结构，数量为 99 万套，其他的为钢结构，这取决于他们传统的居住习惯。据美国工业化住宅协会统计，2001 年，美国的工业化住宅已经达到了 1000 万套，占美国住宅总量的

7%，为 2200 万的美国人解决了居住问题。其中，工业化住宅中的低端产品——活动房屋从 1998 年的最高峰——占总开工数的 23% 即 37.3 万套，下降至 2001 年的 10% 即 18.5 万套。而中高端产品——预制化生产住宅的产量则由 1990 年早期的 6 万套增加到 2002 年的 8 万套，而其占工业化生产的比例也由 1990 年早期的 16% 增加为 2002 年的 30%～40%。消费者可以选择已设计定型的产品，也可以根据自己的爱好对设计进行修改，对定型设计也可以根据自己的意愿增加或减少项目，体现出了以消费者为中心的住宅消费理念。2001 年满意度超过了 65%。2007 年，美国的工业化住宅总值达到 118 亿美元。

现在在美国，每 16 个人中就有 1 个人居住的是工业化住宅。在美国，工业化住宅已成为非政府补贴的经济适用房的主要形式，因为其成本还不到非工业化住宅的一半。在低收入人群、无福利的购房者中，工业化住宅是住房的主要来源之一。

美国为了促进工业化住宅的发展，出台了很多法律和产业政策，最主要的就是 HUD 技术标准。HUD 是美国联邦政府住房和城市发展部的简称，它颁布了美国工业化住宅建设和安全标准，简称 HUD 标准。它是唯一的国家级建设标准，对设计、施工、强度和持久性、耐火、通风、抗风、节能和质量进行了规范。HUD 标准中的国家工业化住宅建设和安全标准还对所有工业化住宅的采暖、制冷、空调、热能、电能、管道系统进行了规范。1976 年后，所有工业化住宅都必须符合联邦工业化住宅建设和安全标准。只有达到 HUD 标准并拥有独立的第三方检查机构出具的证明，工业化住宅才能出售。此后，HUD 又颁发了联邦工业化住宅安装标准，它是全美所有新建 HUD 标准的工业化住宅进行初始安装的最低标准，提议的条款将用于审核所有生产商的安装手册和州立安装标准。对于没有颁布任何安装标准的州，该条款成为强制执行的联邦安装标准。

美国的住宅建设是以极其发达的工业化水平为背景的，美国制造业长期位居世界第一，具有各产业协调发展、劳动生产率高、产业聚集、要素市场发达、国内市场大等特点，这直接影响了住宅建设的方式和水平。美国的住宅用构件和部品的标准化、系列化、专业化、商品化、社会化程度很高，几乎达到 100%。这不仅反映在主体结构构件的通用化上，而且特别反映在各类制品和设备的社会化生产和商品化供应上。除工厂生产的活动房屋和成套供应的木框架结构的预制构配件外，其他混凝土构件和制品、轻质板材、室内外装修以及设备等产品十分丰富，品种达几万种，用户可以通过产品目录，从市场上自由买到所需的产品。这些构件的特点是结构性能好、用途多、有很大的通用性，也易于机械化生产。美国发展装饰装修材料的特点是基本上消除了现场湿作业，同时具有较为配套的施工机具。

### 0.2.3　英国装配式混凝土建筑的发展历程

英国非现场建造建筑的历史可以追溯到 20 世纪初。规模化、工厂化生产建筑的原动力是世界大战后带来的巨大的住宅需求，以及随之而来的建筑工人的短缺。具体发展历程如下。

（1）起步发展期（1914～1939 年）

"一战"结束后，英国建筑行业极度缺乏技术工人和建筑材料，造成住宅的严重短缺，急切需要新的建造方式来缓解这些问题。1918～1939 年期间，英国总共建造了 450 万套房屋，期间开发了 20 多种钢结构房屋系统，但由于人工和材料逐渐充足，绝大多数房屋仍然采用传统方式进行建造，仅有 5% 左右的房屋，采用现场搭建和预制混凝土构件、木构件以及铸铁构件相结合的方式完成建造。当时英国非现场建造的建筑规模小、程度低。另外，由于石材的建造成本上升以及合格砖石工人的短缺，使得非现场建造方式在苏格兰地区的应用相对英国其他地区更为广泛。

（2）"二战"后快速发展期

"二战"结束后，英国住宅再次陷入短缺，新建住宅问题和已有贫民窟问题共同成为政府的主要工作重点。英国政府于1945年发布白皮书，重点发展工业化制造能力，以弥补传统建造方式的不足，以推进自20世纪30年代开始的清除贫民的计划。

此外，战争结束后，钢铁和铝的生产过剩，其制造能力需要寻求多样化的发展空间。多方因素共同促进了英国建筑预制化的发展，建造了大量装配式混凝土、木结构、钢结构和混合结构建筑。

（3）稳定发展期（20世纪50～80年代）

本时期主要分为两个交叉阶段：20世纪50～70年代和20世纪60～80年代。

20世纪50～70年代，英国建筑行业朝着装配式建筑方向蓬勃发展。其中，既有预制混凝土大板方式，也有通常采用轻钢结构或木结构的盒子模块结构，甚至产生了铝结构框架。

20世纪60～80年代，建筑设计流程的简化和效率的提高，钢结构、木结构以及混凝土结构体系等得到进一步发展。其中，以预制装配式木结构为主，采用木结构墙体和楼板作为承重体系，内部围护采用木板，外侧围护采用砖或石头的建造方式得到广泛应用。木结构住宅在新建建筑市场中的占比一度达到30%左右。但后期因某一质疑木结构建筑水密性能电视节目的广泛传播，木结构住宅占比急剧下滑，不过，由于苏格兰地区的传统建筑方式崇尚使用石头或木头，预制装配式木结构体系的应用受影响较小。

（4）品质追求期（20世纪90年代）

20世纪90年代，英国住宅的数量问题已基本解决，建筑行业发展陷入困境，住宅建造迈入提高品质阶段。这一阶段非现场建造建筑的发展主要受制于市场需求和政治导向。

政治导向方面主要有倡议"建筑反思"的发表，以及随后的创新运动和住宅论坛，引起社会对于住房领域的广泛思考，尤其是保障性住房领域。公有开发公司极力支持以上倡议所指导的方向和行动，着手发展装配式建筑。与此同时，传统建造方式现场脏乱差及工作环境艰苦的影响，导致施工行业年轻从业人员锐减，现场施工人员短缺，人工成本上升，私人住宅建筑商亦寻求发展装配式建筑。

（5）非现场建造方式逐步成为行业主流建造方式（21世纪后期至今）

21世纪初期，英国非现场建造方式的建筑、部件和结构每年的产值为20亿～30亿英镑（2009年），约占整个建筑行业市场份额的2%，占新建建筑市场的3.6%，并以每年25%的比例持续增长，预制建筑行业发展前景良好。

英国政府积极引导装配式建筑发展，明确提出英国建筑生产领域需要通过新产品开发、集约化组织、工业化生产以实现"成本降低10%，时间缩短10%，缺陷率降低20%，事故发生率降低20%，劳动生产率提高10%，最终实现产值利润率提高10%"的具体目标。同时，政府出台一系列鼓励政策和措施，大力推行绿色节能建筑，以对建筑品质、性能的严格要求促进行业向新型建造模式转变。

英国装配式建筑的发展需要政府主管部门与行业协会等紧密合作，完善技术体系和标准体系，促进装配式建筑项目实践。可根据装配式建筑行业的专业技能要求，建立专业水平和技能的认定体系,推进全产业链人才队伍的形成。除了关注开发、设计、生产与施工外,还应注重扶持材料供应和物流等全产业链的发展。钢结构建筑、模块化建筑新建占比70%以上。

### 0.2.4 日本装配式混凝土建筑的发展历程

日本于1968年就提出了装配式住宅的概念,1990年推出采用部件化、工业化生产方式,高生产效率,住宅内部结构可变,适应居民多种不同需求的中高层住宅生产体系。在推进规模化和产业化结构调整进程中,住宅产业经历了从标准化、多样化、工业化到集约化、信息化的不断演变和完善过程。

日本根据每5年都颁布的住宅建设5年计划,每一个5年计划都有明确的促进住宅产业发展和性能品质提高方面的政策和措施。政府强有力的干预和支持对住宅产业的发展起到了重要作用:通过立法来确保预制混凝土结构的质量;坚持技术创新,制定了一系列住宅建设工业化的方针、政策,建立统一的模数标准,解决了标准化、大批量生产和住宅多样化之间的矛盾。

日本的建筑工业化发展道路与其他国家差异较大,除了主体结构工业化之外,借助于其在内装部品方面发达成熟的产品体系,日本在内装工业化方面的发展同样非常迅速,形成了主体工业化与内装工业化相协调发展的完善体系。图0-2-2为日本建筑工业化发展历程(主体结构PC+内装工业化)。

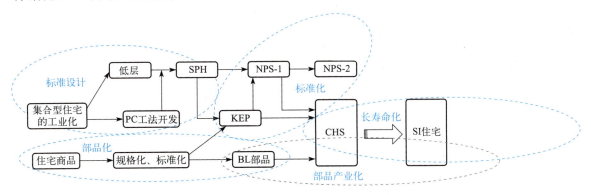

图0-2-2 日本建筑工业化发展历程(主体结构PC+内装工业化)

从日本住宅发展经验来看,走工业化生产的住宅建设体系,是其核心所在。日本集合住宅的产业现代化发展的三条脉络:①建筑体系的发展;②主体结构的发展;③内装部品工业化的发展。

(1)基本住房需求阶段(1960~1973年)

经过1945~1960年的经济恢复阶段,1960年日本的国内生产总值(GDP)达到人均475美元,具备了经济起飞的基本条件。随着经济的高速发展,日本的人口急剧膨胀,并不断向大城市集中,导致城市住宅需求量迅速扩大。而建筑业又明显存在技术人员和操作人员不足的问题。因此,为满足人们的基本住房需求,减少现场工作量和工作人员,缩短工期,日本建设省制定了一系列住宅工业化方针、政策,并组织专家研究建立统一的模数标准,逐步实现标准化和部件化,从而使现场施工操作简单化,提高质量和效率。该时期日本通过大规模的住宅建设满足了人们的基本住房需求。根据1968年的住宅统计调查,日本的总户数已达到了一户一住宅的标准，人们的基本住房需求得以满足。大规模的住宅建设，尤其是以解决工薪阶层住房的大规模公营住宅建设，为日本住宅产业的初步发展开辟了途径。

（2）设施齐全阶段（1974～1984年）

1976年，日本提出10年建设目标，达到一人一居室，每户另加一个公用室的水平。日本的建筑工业化从满足基本住房需求阶段进入完善住宅功能阶段，该阶段住宅面积在扩大，质量在提高，人们对住宅的需求从数量的增加转变为质量的提高。20世纪70年代，日本掀起了住宅产业的热潮，大企业联合组建集团进入住宅产业，在技术上产生了盒子住宅、单元住宅等多种形式，并且为了保证产业化住宅的质量和功能，设立了工业化住宅质量管理优良工厂认定制度，并制定了《工业化住宅性能认定规程》。在推行工业化住宅的同时，20世纪70年代重点发展了楼梯单元、储藏单元、厨房单元、浴室单元、室内装修体系以及通风体系、采暖体系、主体结构体系和升降体系等。到了20世纪80年代中期，产业化方式生产的住宅占竣工住宅总数的比例已增至15%～20%，住宅的质量功能也有了提高。日本的住宅产业进入稳定发展时期。

（3）高品质住宅阶段（1985年至今）

1985年，随着人们对住宅高品质的需求，日本几乎已经没有采用传统手工方式建造的住宅了，全部住宅都采用了新材料、新技术，而且在绝大多数住宅中采用了工业化部件，其中工厂化生产的装配式住宅约占20%。到了20世纪90年代，采用产业化方式生产的住宅占竣工住宅总数的25%～28%。1990年，日本推出了采用部件化、工业化生产方式，高生产效率，住宅内部结构可变，适应居民多种不同需求的"中高层住宅生产体系"，住宅产业在满足高品质需求的同时，也完成了产业自身的规模化和产业化的结构调整，进入成熟阶段。根据日本总务省统计局数据，2013年，日本公寓住宅占全部住宅总数的50%，其中木结构占12%；独立住宅占住宅总数的50%，其中木结构占44%。

## 0.3 国内装配式混凝土建筑发展历程、现状及存在问题

### 0.3.1 国内装配式混凝土建筑发展历程

纵观我国装配式建筑的发展历程，可以看到在学习苏联的过程中，曾"轰轰烈烈"，却又因多种原因"戛然而止"，停滞不前；可以看到装配式建筑应用由多层砖混向高层住宅不断探索；可以看到建筑工业化发展理论由"三化""四化、三改、两加强"逐步发展至新"四化""五化""六化"，对装配式建筑的认识不断深入；更可以看到不同时期，全国典型城市的工业化发展特点。

#### 0.3.1.1 发展初期

我国装配式混凝土建筑发展初期时间为1950～1976年，在这一时期我国装配式混凝土建筑全面学习苏联，应用领域从工业建筑和公共建筑，逐步发展到居住建筑。

20世纪50年代，我国完成了第一个五年计划，建立了工业化的初步基础，开始了大规模的基本建设，建筑工业快速发展。在全面学习苏联的背景下，我国的设计标准，包括建筑设计，钢结构、木结构和钢筋混凝土结构设计规范全部译自俄文，直接引用。

工业建筑方面，苏联帮助建设的153个大项目大都采用了预制装配式混凝土技术。各大型工地上，柱、梁、屋架和屋面板都在工地附近的场地预制，在现场用履带式起重机安装。

当时工业建筑的工业化程度已达到很高的水平，但墙体仍为小型黏土红砖手工砌筑。

居住建筑方面，城镇建设促进了预制装配式技术的应用。各种构件中标准化程度最高的当属空心楼板。初期使用简单的木模，在空地上翻转预制，待混凝土达到一定强度后再把组装成的圆芯抽出。当时的预制厂的投资很低，技术落后，手工操作繁多，效率和质量低下。百十来千克的混凝土成品用人力就可以抬起就位，无须吊装设备。后来多个大城市开始建设正规的构件厂，典型的如北京第一构件厂和第二构件厂（后来发展成为北京榆构有限公司），用机组流水法以钢模在振动台上成型，经过蒸汽养护送往主堆场，成为预制生产的示范。此时全国混凝土预制技术突飞猛进地发展，全国各地数以万计的大小预制构件厂雨后春笋般出现，成为住宅装配化发展的物质基础。东欧的预制技术也传至我国，北京市引进了联邦德国的预应力空心楼板制造机（康拜因联合机），在长线台座上一台制造机上完成了混凝土浇筑和振捣、空心成型和抽芯等多个工序。这实际上是后来美国 SP 大板的雏形。20 世纪 70 年代由东北工业建筑设计院（现中国建筑东北设计研究院有限公司）设计的挤压成型机（也称行模成型机）在沈阳试制成功，开创了国内预应力钢筋混凝土多孔板生产新工艺，后在柳州等地推广应用。

除柱、梁、屋架、屋面板、空心楼板等构件大量被应用外，墙体的工业化发展同样是这一时期的重要特点，主要代表是北京的振动砖墙板、粉煤灰矿渣混凝土内外墙板、大板和红砖结合的内板外砖体系，上海的硅酸盐密实中型砌块和哈尔滨的泡沫混凝土轻质墙板。这些技术体系从墙材革新角度入手，推动了当时的装配式建筑。

### 0.3.1.2 发展起伏期

发展起伏期大体上为 1976～1995 年，在这个时期装配式建筑经历了停滞、发展、再停滞的起伏波动。

（1）1976～1977 年

经过建筑工业化初期的发展，20 世纪 70 年代中国城市主要是多层的无筋砖混结构住宅，用小型黏土砖砌成的墙体承重，而楼板则多采用预制空心楼板。水平构件基本没有任何拉结，简单地用砂浆坐在砌体墙上，墙上的支承面不充分，砌体墙无配筋，出现了一系列问题。之后，北京、天津一带已有的砖混结构统统用现浇圈梁和竖向构造柱形成的框架加固。全国划分了抗震烈度区，颁布了新的建筑抗震设计规范，修订了建筑施工规范，规定高烈度抗震地区废除预制板，采用现浇楼板；低烈度地区在预制板周围加现浇圈梁，板的缝隙灌实，添加拉筋。很多民用建筑的预制厂改为生产预制梁柱、铁路轨枕、涵洞管片、预制桩等工业制品。

（2）1978 至 20 世纪 80 年代初

改革开放以后，在总结前 20 年建筑工业化发展的基础上，住宅建设政策研究的先行者林志群、许溶烈先生共同提出"四化、三改、两加强"，即房屋建造体系化、制品生产工厂化、施工操作机械化、组织管理科学化，改革建筑结构、改革地基基础、改革建筑设备，加强建筑材料生产、加强建筑机具生产。和老"三化"相比，更加注重体系和科学管理，但重点还是集中在结构、建材、设备上。随后我国建筑工业化出现了一轮商业高峰，各地纷纷组建产业链条企业，标准化设计体系快速建立，一大批大板砌块建筑纷纷落地。但随着大板砌块建筑大规模上马，市场需求快速增长，工业化构件生产无法满足建设需要，出现构件质量下滑，另外配套技术研发没有跟上，防水、冷桥、隔声等影响住宅性能的关键技术均出现问题，加之住房商品化带来了多样化需求的极大提升，使得一度红火的建筑工业化又逐渐陷于停滞。

（3）20世纪80年代初至1995年

国外现浇混凝土被介绍到我国，建筑工业化的另一路径（即现浇混凝土的机械化）出现，砖石砌体被抛弃后，用大模板现浇配筋混凝土的内墙应运而生，现浇楼板的框架结构、内浇外砌和外浇内砌等各种体系纷纷出现。从20世纪80年代开始，这类体系应用极为广泛，因为它解决了高层建筑用框架结构时梁柱和填充墙抗震设计复杂的问题，而现浇的配筋内横墙、纵墙和承重墙或现浇的简体结构则形成了刚度很大的抗剪体系，可以抵抗较大的水平荷载，因此提高了结构的最大允许高度；外墙则采用预制的外挂墙板。这种建筑结构体系将施工现场泵送混凝土的机械化施工和外挂上预制构件的装配化高效结合，发挥了各自的优势，因而得到了很快的发展。

在某些情况下，无法解决外墙板的预制、运输或吊装，可以采用传统的砌体外墙，这就是内浇外砌体系。20世纪90年代初至2000年前后，由于城市建设改造的需要，北京大量兴建的高层住宅基本上是内浇外挂体系，而起初的内浇外挂住宅体系是房屋的内墙（剪力墙）采用现浇混凝土，而楼板则用工厂预制整间大楼板（或预制现浇叠合楼板），外墙是工厂预制混凝土外墙板，开始是单一的轻骨料混凝土，后来为提高保温效果，逐渐改为中间层用高效保温材料，采用平模反打工艺，墙板外饰面有装饰的条纹；这种内浇外挂墙板能承受20%~30%的地震水平荷载。

### 0.3.1.3 发展提升期

发展提升期大体上为1996~2015年。

① 2002年国家颁布行业标准《高层建筑混凝土结构技术规程》（JGJ 3—2010），按北京地区抗八度地震设防要求，混凝土预制构件的应用受到许多制约，建筑高度不超过50m（一般为16层或18层以下）。后来城市用地日趋紧张，住宅高度不断提高，开发商建造20层以上高层住宅的比例逐年增加。由于预制混凝土楼板、预制外墙板节点处理的问题较为复杂，为了进一步提高建筑整体性，现浇混凝土楼板逐渐取代了预制大楼板和预制承重的混凝土外墙板结构。

② 预拌混凝土工业发展推动混凝土技术进步。大模板现浇混凝土建筑的兴起，推动了中国预拌混凝土工业的发展。工厂化的发展使预拌混凝土在我国大、中城市（尤其是东部地区）的年生产能力达到$3000 \times 10^4 m^3$以上，部分大城市的预拌混凝土产量已达到现浇混凝土总量的50%以上，搅拌站的规模趋于大型化、集团化，装备技术、生产技术和管理经验趋于成熟，泵送技术的使用开始普及，混凝土的强度等级有所提高，掺合料和外加剂的技术飞快发展，随着工地现场湿作业的复苏，现浇技术的缺点日益明显，即使使用钢模，支模的手工作业还是很多，劳动强度大，特别是养护耗时长，施工现场污染严重。

③ 劳动力市场发生变化。这一时期，从事体力劳动的人力资源紧张，建筑业出现了人工短缺现象，业内人逐渐意识到，长期以来以现场手工作业为主的传统生产方式不能再继续下去了，装配式建筑的发展重新引起了关注。

④ 开始重视质量和效益的提升。除了关注装配式建造方式外，社会各界开始关注减少用工、提升质量和减少浪费等课题。在新形势下，装配式建筑的优势明显，但是装配式结构体系整体性能差，不能抵御地震破坏的阴影仍然笼罩在建筑界。为了有别于过去的全装配式，出现了个新的体系。在2008年前后得到了一个新的名称——装配整体式结构。最早形成法规文件的是深圳市住房和建设局2009年发布的深圳市技术规范《预制装配整体式钢筋

混凝土结构技术规范》（SJG 18—2009）。装配整体式结构的特点是尽量多的部件采用预制件，相互间靠现浇混凝土或灌注砂浆连接措施结合，使装配后的构件及整体结构的刚度、承载力特征、恢复力特性、耐久性等类同于现浇混凝土构件及结构。

⑤ 装配整体式结构发展出不同的分支。一种使用现浇梁柱和现浇剪力墙，另一种把剪力墙也做成预制的或半预制的。前者可称为简单构件的装配式，只涉及标准通用件和非标准通用件，不涉及承重体系构件；后者则做到了承重构件的预制，预制率有很大提升。

⑥ 上海、北京等地积极探索。经过两年时间的编写，上海市2010年发布了由同济大学、万科和上海建科院等单位联合编制的《装配整体式混凝土住宅体系设计规程》（DG/TJ 08-2071—2010），其中对装配整体式混凝结构的定义是："由预制混凝土构件或部件通过钢筋连接件或施加预应力加以连接并现场浇筑混凝土而形成整体的结构。"这种结构体系是对50年前装配式建筑体系的一种提升，是对经过多次痛苦的地震灾害后的总结，也基本适应了新时期高层装配式建筑发展的需要。

北京万科开展了首个装配整体式混凝土体系住宅的实践。第一步，万科于2007年首先跟北京榆构有限公司共同建立了产业化研发中心；第二步是科研论证，进行了大量的学术研讨，包括委托工程院的院士，清华大学、建研院等科研院所做了大量抗震试验；第三步是建设实验楼，在榆树庄构件厂里盖了一栋真正意义上的工业化住宅。2008年，万科开始启动两栋工业化住宅，这也是新时期真正意义的工业化住宅楼。

全国各省市积极出台政策，在保障性住房建设中大力推进产业化，装配式建筑试点示范工程开始涌现。以北京为例，北京在2014年提出要实现保障房实施产业化100%全覆盖，并以公租房为切入点，全面建立以标准化设计、建造、评价、运营维护为核心的保障性住房建设管理标准化体系，建立标准化设计制度、专家方案审核制度、优良部品库制度等，实施产业化规模已超过 $1000 \times 10^4 m^2$，其中结构产业化、装配式装修均实施的全装配式住宅已经达到 $145 \times 10^4 m^2$ 规模；北京由简到难，分类指导，全面使用水平预制构件，并于2015年10月出台政策，提出保障性住房中全面实施装修成品交房，并大力推行装配式装修。

## 0.3.2 国内装配式混凝土建筑发展现状

（1）装配式建筑稳步推进

以试点示范城市和项目为指导，部分地区呈现规模化发展态势。截至2013年底，全国装配式建筑累计开工 $1200 \times 10^4 m^2$，2014年，当年开工约 $1800 \times 10^4 m^2$，2015年，当年开工近 $4000 \times 10^4 m^2$，据不完全统计，截至2015年底，全国累计建设装配式面积约 $8000 \times 10^4 m^2$，再加上钢结构、木结构建筑，大约占新开工建筑面积的5%。

0-7 装配式混凝土建筑的发展

（2）政策支撑体系逐步建立

《我国国民经济和社会发展"十二五"规划纲要》《绿色建筑行动方案》都明确提出推进建筑业结构优化，转变发展方式，推动装配式建筑发展；2016年2月，国务院发布了《关于进一步加强城市规划建设管理工作的若干意见》，提出"大力推广装配式建筑、加大政策支持力度"，力争用10年左右时间，使装配式建筑占新建筑的比例达到30%。

（3）技术支撑体系初步建立

经过多年研究和努力，随着科研投入的不断加大和试点项目的推广，各类技术体系逐步完善，相关标准规范陆续出台。国家标准《装配式混凝土结构技术规程》（JGJ 1—2014）已于 2014 年正式执行，《装配整体式混凝土结构技术指导》已于 2015 年发布，《装配式建筑评价标准》（GB/T 51129—2017）于 2018 年实行。

初步建立了装配式建筑结构体系、部品体系和技术保障体系，分、单项技术和产品的研发已经达到国际先进水平。如在建筑结构方面，预制装配式混凝土结构体系、钢结构体系等都得到一定程度的开发和应用，装配式剪力墙、框架外挂板等结构体系施工技术日益成熟，设计、施工与装修一体化项目的比例逐年提高，屋面、外墙、门窗等一体化保温节能技术产品越来越丰富，节水与雨水收集技术，建筑垃圾循环利用、生活垃圾处理技术等得到了较多应用。这些装配式技术提高了住宅的质量、性能和品质，提升了整体节能减排效果，带动了工程建设科技水平全面提升。

（4）行业内生动力持续增强

建筑业生产成本不断上升，劳动力与技工日渐短缺，从客观上促使越来越多的开发、施工企业投身于装配式建筑工作，把其作为企业提高劳动生产率、降低成本的重要途径，企业参与的积极性、主动性和创造性不断提高。通过投入大量人力、物力开展装配式建筑技术研发，万科、远大等一批龙头企业已在行业内形成了较好的品牌效应。装配式建筑设计、部品和构配件生产运输、施工以及配套等能力不断提升。

截至 2014 年底，据不完全统计，全国 PC 构件生产线超过 200 条，产能超过 $2000 \times 10^4 m^3$，如按预制率 50% 和 20% 分别测算，可供应装配式建筑面积 $8000 \times 10^4 m^2$ 到 $20000 \times 10^4 m^2$，整个建设行业走装配式建筑发展道路的内生动力日益增强，标准化设计、专业化、社会化大生产模式正在成为发展的方向。

## 0.3.3　国内装配式混凝土建筑发展存在的问题

（1）标准规范有待健全

虽然国家和地方出台了一系列与装配式建筑相关的标准规范，但缺乏与装配式建筑相匹配的独立的标准规范体系。部品及构配件的工业化设计标准和产品标准需要完善。由于缺乏对模数化的强制要求，导致标准化、系列化、通用化程度不高，工业化建造的综合优势不能充分显现。

（2）技术体系有待完善

各地在探索装配式建筑的技术体系和实践应用时，出现了多种多样的技术体系，但大部分还是在试点探索阶段，成熟的、规模推广的还相对较少。当前，迫切需要总结梳理成熟可靠的技术体系，作为全国各地试点项目选择的参考依据。

（3）监管机制不匹配

当前的建设行业管理机制不适应或滞后于装配式建筑发展的需要。有些监管办法阻碍了工程建设进度和效率提升，而有些工程项目的关键环节甚至出现监管真空，容易出现新的质量安全隐患，必须加快探索新型的建设管理部门监管制度。

（4）生产过程脱节

装配式建筑适于采用设计生产施工装修一体化，但目前生产过程各环节条块分割，没有形成上下贯穿的产业链，造成设计与生产施工脱节、部品构件生产与建造脱节、工程建造与运维管理使用脱节，导致工程质量性能难以保障，责任难以追究。

（5）成本高于现浇，影响推广

装配式建筑发展初期，在社会化分工尚未形成、未能实施大规模广泛应用的市场环境下，装配式建造成本普遍高于现浇混凝土建造方式，每平方米大体增加200～500元。而装配式建筑带来的环境效益和社会效益未被充分认识，特别是由于缺乏政策引导和扶持，市场不易接受，直接影响了装配式建筑的推进速度。随着规模化的推进和效率的提升，性价比的综合优势将逐渐显现出来。

（6）装配式建筑人才不足

目前，不论是设计、施工还是生产、安装等各环节都存在人才不足的问题，严重制约着装配式建筑的发展。

（7）与装配式建造相匹配的配套能力不足

尚未形成与装配式建造相匹配的产业链，包括预制构件生产设备、运输设备、关键构配件产品、适宜的机械工具等，这些能力不配套，已严重影响了装配式建设整体水平的提升。

## 能力训练题

### 一、单选题

1. 装配式建筑工程采用工程总承包方式有利于形成（　　）一体化的产业链。
   A. 设计、施工、物业管理　　　　　　B. 设计、生产、施工
   C. 生产、装修、运营维护　　　　　　D. 施工、装修、运营维护

2. 与混凝土结构的传统现浇生产方式对比，采用装配式建造方式可减少现场人工数量（　　）。
   A. 20%以下　　　B. 20%～35%　　　C. 35%～50%　　　D. 50%以上

3. 空间布置灵活、最容易满足不同建筑功能需求的装配式建筑结构是（　　）。
   A. 高层装配式混凝土剪力墙结构　　　B. 装配式混凝土框架结构
   C. 多层装配式混凝土结构　　　　　　D. 装配式框架剪力墙结构

4. 装配式钢结构住宅系统整体解决方案的重点是（　　）。
   A. 结构技术体系　　B. 三板技术体系　　C. 防白蚁技术体系　　D. 抗震技术体系

5. 在《装配式混凝土结构技术规程》（JGJ 1）中多层剪力墙结构设计适用于不高于（　　）层，建筑设防类别为（　　）。
   A. 8层，甲类　　　B. 6层，甲类　　　C. 7层，甲类　　　D. 6层，丙类

6. 在下列选项中，剪力墙结构体系和技术要点匹配正确的是（　　）。
   A. 装配整体式剪力墙结构工业化程度很高，一般应用于高层建筑
   B. 叠合剪力墙结构一般国外应用较多，施工速度快，一般应用于南方地区
   C. 多层装配式剪力墙结构工业化程度一般，施工速度快，应用于多层建筑
   D. 将装配整体式剪力墙应用于多层剪力墙结构体系，真正做到工业化生产、施工

7. 下列说法正确的是（　　）。
   A. 装配式高层建筑含精装修可在半年内完成
   B. 装配式建筑不能完全解决传统建筑方式普遍存在的"质量通病"
   C. 装配式建筑的现场用人少，时间短，综合成本降低
   D. 装配式建筑的一大变革是将农民工变成操作工人

8. 建筑工业化的核心是（　　）。
   A. 标准化的设计　　　　　　　　　B. 施工装配化
   C. 装修一体化和管理信息化　　　　D. 构配件生产工厂化
9. 发展装配式建筑最主要的原因是（　　）。
   A. 建筑产业现代化的需求
   B. 解决建筑市场劳动力资源短缺及劳动力成本增加的需要
   C. 改变建筑设计模式和建造方式
   D. 建筑行业节能减排的需要
10. 预制混凝土剪力墙体系和多层混凝土剪力墙体系的结构设计今天可以参考（　　）地方的标准。
    A. 北京，上海　　B. 北京，广州　　C. 上海，安徽　　D. 上海，苏州
11. 装配整体式框架结构房屋非抗震设计适用的最大高度为（　　）m。
    A. 150　　　　　B. 140　　　　　C. 120　　　　　D. 70
12. 不同住宅因使用及功能要求的不一样，平面布局的要求也随之不一样，因此在结构选型时必须考虑到不同建筑（　　）对结构体系的影响。
    A. 功能要求　　B. 住宅高度要求　　C. 材料消耗量要求　　D. 抗震设防要求
13. 通过后续浇筑混凝土把叠合梁、叠合板、预制柱、预制楼梯、预制阳台等预制构件经现场装配、节点连接或部分现浇而成一个整体受力的混凝土框架结构是（　　）结构体系。
    A. 装配式剪力墙　　B. 装配式框架　　C. 框架剪力墙　　D. 预制装配式
14. 装配式建筑施工前期甲方（监理）的工作内容为（　　）。
    A. 施工流水，场地规划，构件安装，构件拆分，构件重量
    B. 配合图纸设计，预留预埋，图纸确认，验收策划，施工策划
    C. 组织协同，组织协调，责任划分，精装定位，验收
    D. 配合图纸设计，预留预埋，图纸确认，生产周期策划，模具设计
15. 首次使用装配式混凝土梁的国家是（　　）。
    A. 美国　　　　B. 加拿大　　　　C. 日本　　　　D. 法国
16. 我国对建筑工业化高度重视，国家现代建筑产业化示范城市是（　　）。
    A. 济南　　　　B. 沈阳　　　　　C. 北京　　　　D. 深圳
17. 各省市、自治区关于建筑工业化的政策中，唯一一个提出推广装配式装修的省或市是（　　）。
    A. 安徽　　　　B. 北京　　　　　C. 山东　　　　D. 上海
18. 提出"建筑工业化"的原因中不属于国家政策的是（　　）。
    A. 劳动力下降，劳动成本上升　　　B. 节能减排，保护环境，节约资源
    C. 提高技术水平　　　　　　　　　D. 提高工程质量和效率
19. 下列对于新型建筑工业化优势的描述中，错误的是（　　）。
    A. 生产场所由工地转向工厂　　　　B. 施工人员为产业工人，施工人员较多
    C. 生产方式制造为主，干作业为主　　D. 工程进度较快
20. 在工业化住宅和传统住宅的使用成本的比较中，工业化住宅比传统住宅高的费用项目是（　　）。
    A. 维修成本　　B. 管理成本　　　　C. 能源消耗　　D. 配套设施

21. 下列选项中不属于装配式混凝土结构技术体系的是（　　）。
   A. 剪力墙结构　　　B. 楼盖体系　　　C. 框架结构　　　D. 砖墙体系

## 二、多选题

1. PC 构件的优点包括（　　）。
   A. 混凝土构件形成预压应力　　　B. 定型化构件的批量生产
   C. 采用压接方式拼装　　　D. 高强度和高质量的混凝土部品
   E. 以上都不符合题意

2. 20 世纪 90 年代，我国装配式混凝土结构的发展处于低潮，我国传统装配式建筑存在的问题是（　　）。
   A. 户型单一、渗漏、不保温、不节能、标准低、质量差
   B. 效率和成本与现浇相比没有优势
   C. 装配式建筑的施工机械不先进和施工技术不完善
   D. 结构的抗震性能不能较好解决
   E. 以上均不符合题意

3. 下列是我国的装配式混凝土结构发展新机遇的是（　　）。
   A. 需求强大，市场广阔　　　B. 符合"四节一环保"和产业转型升级
   C. 技术已趋于完善　　　D. 符合科技发展规划
   E. 以上均不符合题意

4. 下面选项中属于 PC 装配式剪力墙结构技术应用优势的是（　　）。
   A. 大幅度地提高劳动生产效率　　　B. 大大缩短了生产周期、安装周期
   C. 受工程作业面和气候的影响　　　D. 全面提升住宅综合品质
   E. 以上均不符合题意

5. 发展装配式建筑对于建筑工业化和住宅产业化的意义是（　　）。
   A. 改变传统建筑业落后的生产方式
   B. 实现了建筑流程完全可控
   C. 符合可持续发展理念
   D. 传统住宅产业化向现代化转型升级的必经之路
   E. 符合国家建筑业相关政策

6. 建筑设计过程中应充分考虑以下要求（　　）。
   A. 符合建筑功能要求，性能不低于现浇结构
   B. 平面、立面布置：模数化、标准化、少规格、多组合
   C. 充分考虑构配件加工制作、安装等环节要求
   D. 尽量体现方便维修、更换、改造要求
   E. 专业协同，建筑外装和内装只需完成一项

## 三、判断题（正确的后面写"Y"，错误的写"N"）

1. 装配式混凝土建筑的快速发展始于"一战"后，世界上许多发达国家在装配式混凝土结构的技术上有了很大进步和技术革新。（　　）

2. 近三年来，我国新建的 PC 工厂大多分布于东部沿海城市，而且辽宁新建工厂的数量最多。（　　）

3. 万科项目的预制墙板主要是采用"三明治"墙板，在工厂预制完成后，在施工现场直

接装配使用,节省资源,施工快捷。(　　)

4. 预制构件合理的接缝位置以及尺寸和形状的设计对建筑功能、建筑平立面、结构受力情况、预制构件承载能力、工程造价等会产生一定的影响,同时应尽量增加预制构件的种类,以方便进行质量控制。(　　)

5. 预制混凝土装配式体系主要分为三大类:框架结构、剪力墙结构和框架-剪力墙结构。(　　)

6. 剪力墙结构的装配特点是通过后浇混凝土连接梁、板、柱以形成整体,柱下口通过套筒灌浆连接。(　　)

7. 装配整体式框架结构设计的总体思路是等同现浇,与现浇混凝土框架结构整体分析及构件设计方法相同。(　　)

8. 发展装配式建筑是建筑工业化和住宅产业化、改变传统落后建筑业的生产方式,是传统住宅产业化向现代化转型升级的必经之路。(　　)

9. 建筑业是我国的支柱产业之一,它不仅是推动社会经济发展的重要力量,而且在吸纳农村转移人口就业、推进新型城镇化建设和维护社会稳定等方面继续发挥着显著作用。(　　)

10. 装配式建筑是用预制部品部件在工地装配而成的建筑,是建造方式的重大变革,是推进供给侧结构性改革和新型城镇化发展的重要举措。(　　)

# 模块 1
# 装配式混凝土建筑预制构件制作基础

**知识目标**：理解预制构件深化设计图，熟悉并区别常用材料、配件和模具质量要求，熟悉构件安全生产技术要求。

**能力目标**：能够解读预制构件深化设计图，根据实际情况区分和选择常用材料、配件和模具，解读常用材料、配件和模具质量要求及构件安全生产技术要求。

**素质目标**：打好基础，确保工程质量，培养团队合作精神。

1-0 素质拓展 2

## 📖 任务介绍

某地块定向安置房项目位于地块南侧至规划地块西一号路的东、西及北侧；总用地面积 6691.2m²，拟建 4 栋 9～16 层装配式钢筋混凝土结构住宅：总建筑面积 31685.49m²，其中地上建筑面积 20055.49m²，地下建筑面积为 11630.00m²；绿地率 30%，容积率 3.0。

目前已经进入方案设计阶段，现在有按照传统的现浇工法施工和应用装配式技术现场装配两种方案。通过对两种工法进行研究对比，确定最终方案。

## 📋 任务分析

根据要求，将装配式技术现场装配与传统现浇工艺的建筑设计进行对比分析。

选择预制建筑结构设计有什么优势？从施工工艺上来解释，预制建筑结构设计是结合工程实际采用混凝土预制构件，类型包括预制墙板（外墙、内墙）、预制楼梯、预制空调板、预制女儿墙、非承重建筑分格墙板等，相互间形成完整的建筑系，追求适宜的结构预制率，结构外墙基本实现全装配化，争取实现无外架施工，从根本上改变传统建造方式和施工组织形式，再者通过设计上的优化方式，包括用模数协调的原则，集成各种要素，实现"少规格、标准化"。使现浇节点规格统一化，可以采用少规格的定型模板和组合模板进行施工，提高质量，缩短工期，确保安全。解决了传统建筑施工带来的环境污染等弊端，同时相对传统的普通工程来说，它所使用的轻制墙板等比例占比较大，因而能够有效地节约施工的时间、人力、物力，加之对于施工人数的数量和技术都有所降低，所以整体而言更有利施工质量的把控。

## 1.1 预制构件深化设计图

### 1.1.1 建筑工程施工图

建筑工程施工图简称"施工图"，表示工程项目总体布局，以及建筑物外部形状、内部布置、结构构造、内外装修、材料做法以及设备、施工等要求的图样，其特点是图纸齐全、表达准确、要求具体。一套完整的建筑工程施工图，一般包括图纸目录、设计总说明、建筑施工图（简称建施）、结构施工图（简称结施）、给排水、采暖通风及电气施工图等内容，也可将给排水、采暖通风和电气施工图合在一起统称设备施工图（简称设施）。

（1）建筑施工图

主要表示房屋的总体布局、内外形状、大小、构造等，其形式有总平面图、平面图、立面图、剖面图、详图。

（2）结构施工图

主要表示房屋的承重构件的布置、构件的形状、大小、材料、构造等。其形式有基础平面图、基础详图、结构平面图、构件详图等，此部分将在装配式建筑识图与构造中作详细讲述。

（3）设备施工图

主要表示给排水、暖通、电气设备等各种施工图。其中给排水施工图包括用水设备、给水管和排水管的平面布置图及上下水管的透视图和施工详图等；暖通施工图包括调节室内空气温度用的设备与管道平面布置图、系统图和施工详图等；电气设备施工图包括室内电气设备、线路用的平面布置图及系统图和施工详图等。

### 1.1.2 构件加工图

（1）预制构件模板图

预制构件模板图是控制预制构件外轮廓形状尺寸和预制构件各组成部分形状尺寸的图纸，由构件立面图、俯视图、侧视图、仰视图、剖面图等组成。通过预制构件模板图，可以将预制构件内、外叶板、保温板的三维外轮廓尺寸以及洞口尺寸、内叶板的三维外轮廓尺寸以及洞口尺寸等表达清楚，作为绘制预制构件配筋图，预制构件预留、预埋件图的依据，也可为绘制预制构件模具加工图提供依据。

（2）预制构件配筋图

在预制构件模板图的基础上，可以绘制预制构件配筋图，预制构件的配筋既要满足构件结构整体受力分析中的受力工况，也要保证预制构件在制造过程中的脱模、吊装、运输、安装、临时支撑等受力的工况。在综合各种工况的前提下，计算出预制构件的配筋，最后绘制出预制构件配筋图。

（3）预制构件预留、预埋件图

预制构件在制造前必须按照施工图设计图纸要求进行水电、门窗的预留、预埋，同时还必须考虑构件脱模、吊装、运输、安装和临时支撑等情况预留预埋件。有时为使用方便，也可将预制构件模板图、配筋图、预留预埋件图综合绘制在同一张图纸上。

（4）预制构件加工深化设计图

装配式结构设计是生产前重要的准备工作之一，由于工作量大、图纸多、牵涉专业多，一般由建筑设计单位或专业的第三方单位进行预制构件深化设计，按照建筑结构特点和预制构件生产工艺的要求，将建筑物拆分为独立的构件单元，在综合考虑模具加工方便、预制构件生产效率、现场施工吊运能力限制等因素的前提下，重点深化设计构件连接构造、水电管线预埋、门窗及其他预埋件的预埋、吊装及施工必需的预埋件、预留孔洞等。一般每个预制构件都要通过绘制构件模板图、配筋图、预留预埋件图得到体现，特殊情况时还需制作三维视图。

## 1.1.3 预制构件模具设计图

模具设计图由机械设计工程师根据拆解的构件单元设计图进行模具设计，模具应具有一定的刚度和精度，既要方便组合以保证生产效率，又要便于构件成型后的拆模和构件翻身，图纸一般包括平台制作图、边模制作图、零配件图、模具组合图，复杂模具还包括总体或局部的三维图纸。模具多数为组合式台式钢模具。

## 1.1.4 装配式结构专项说明的识读

装配式混凝土结构与传统现浇混凝土结构相比，从设计到施工差异较大，图1-1-1为现浇混凝土结构建设流程，从工程立项到建筑验收使用，整体流程基本为单线，且经过各单位多年实践，对于项目组织管理已较为清晰。

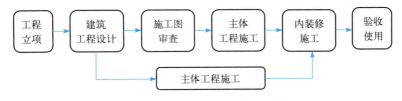

图 1-1-1 现浇混凝土结构建设流程

图1-1-2为装配式混凝土结构建设流程，与现浇混凝土结构相比，装配式混凝土剪力墙结构住宅的建设流程更全面、更精细、更综合，增加了技术策划、构件生产等过程，且在方案设计阶段之前增加了前期技术策划环节，以配合预制构件的生产加工需求来对预制构件加工图进行设计，对各参与单位的技术水平、生产工艺、生产能力、运输条件、管理水平等提出了更高的要求，需各建设、设计、生产、施工和管理等单位精心配合、协同工作。

因此，装配式结构须在设计总说明后增加装配式结构专项说明，对装配式结构的生产、施工、储存等进行说明，以保证结构安全施工。

装配式结构专项说明主要由以下内容组成：总则、预制构件的生产和检验、现场施工、单体预制率、验收。

（1）总则

《装配式结构专项说明》中"总则"部分的识读见表1-1-1。

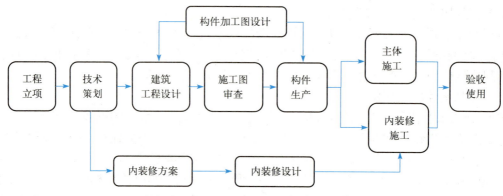

图 1-1-2 装配式混凝土结构建设流程

表 1-1-1 《装配式结构专项说明》中"总则"部分的识读

| 识读步骤 | 识读要点 | 图纸示例 | 识读说明 |
| --- | --- | --- | --- |
| 1 | 配套图案 | （1）本设计说明应与结构平面图、预制构件详图以及节点详图等配合使用；<br>（2）所采用主要配套标准图集 | 明确本装配式结构配套图集，并收集装配式结构专项说明中所列图集，以备后续识读结构图所用。<br>装配式混凝土结构在设计时，应在满足建筑使用功能的前提下，实现建筑结构的标准化设计，遵循"少规格、多组合"的原则，以提高预制构件与部品的重复使用率，有利于降低造价，故在装配式结构设计中大量采用已有标准图集中的预制构件。<br>目前的装配式混凝土结构体系可分为剪力墙结构、框架结构、框架-剪力墙结构、框架-核心筒结构等，目前应用最多的是剪力墙结构体系，其次是框架结构、框架-剪力墙结构体系。<br>由住房和城乡建设部组织中国建筑标准设计研究院等单位编制的装配式混凝土结构图集，针对剪力墙结构体系，目前共有8本：《装配式混凝土结构住宅建筑设计示例（剪力墙结构）》《装配式混凝土结构表示方法及示例（剪力墙结构）》《装配式混凝土结构连接节点构造 G310—1#2》《预制混凝土剪力墙外墙板》《预制混凝土剪力墙内墙板》《桁架钢筋混凝土叠合板（60mm 厚底板）》《预制钢筋混凝土板式楼梯》《预制钢筋混凝土阳台板、空调板及女儿墙》 |
| 2 | 混凝土 | （1）混凝土强度等级应满足"结构设计总说明"的规定，其中预制剪力墙的混凝土轴心抗压准值不得高于设计值的20%；<br>（2）对水泥、骨料、矿物掺合料、外加剂等的设计要求详见"结构设计总说明"，应特别保证骨料配级的连续性，未经设计单位批准，混凝土中不得掺加早强剂或者早强型减水剂；<br>（3）混凝土配合比除满足设计强度要求外，尚应根据预制构件的生产工艺、养护措施等因素确定；<br>（4）条件养护的混凝土立方体试件的抗压强度达到设计混凝土强度等级的75%，且不小于15N/mm²时，方可脱模；吊装时应达到设计强度值 | （1）明确对混凝土材料的相关要求；<br>（2）明确预制构件加工厂在进行构件加工时需注意的相关事项，混凝土配置、养护、脱模、起吊等工艺均需严格按照装配式专项说明；<br>（3）明确装配式专项说明与结构设计总说明的关系，两者在识读时应相互联系。<br>剪力墙又称抗风墙、抗震墙或结构墙，房屋或构筑物中主要承受风荷载或地震作用引起的水平荷载和竖向荷载的墙体，防止结构剪切破坏，是装配式混凝土剪力墙结构体系中的重要承重构件；在对剪力墙构件设计时需综合考虑剪力墙强度、刚度、稳定性及延性等方面，剪力墙混凝土强度等级越高、轴力越大，剪力墙延性越差，因此需通过控制剪力墙轴心抗压强度来保证装配式结构的延性。<br>预制构件一般在构件加工工厂生产，与现浇构件相比，构件加工工厂施工条件更稳定，制作程序更规范，也更容易保证构件质量；目前构件加工工厂通常利用流水线实现批量工业化生产，以节约材料，提高生产效率；预制构件加工程序一般包括：模板组装→划线→预埋件安装→混凝土浇筑→混凝土养护→脱模、起吊、堆放→出厂 |

续表

| 识读步骤 | 识读要点 | 图纸示例 | 识读说明 |
|---|---|---|---|
| 3 | 钢筋/钢材/连接材料 | （1）预制构件使用的钢筋和钢材牌号及性能详见"结构设计总说明"；<br>（2）预制剪力墙板纵向受力刚接连接采用套筒灌浆连接接头：①接头性能应符合《钢筋机械连接技术规程》（JGJ 107—2016）中Ⅰ级接头的要求，②灌浆套筒应符合《钢筋连接用灌浆套筒》（JG/T 398—2019）的有关规定，③灌浆性能应符合《钢筋连接用套筒灌浆料》（JG/T 408—2019）的有关规定；<br>（3）施工用预埋件的性能指标应符合相关产品标准，且应满足预制构件吊装和临时支撑等需要 | （1）配合结构设计总说明，明确对钢筋、钢材牌号及性能的要求；<br>（2）明确预制构件所采用节点连接方式，施工时需严格按照装配式结构专项说明及相应规程技术标准进行施工，以保证预制结构的施工安全及质量；<br>（3）明确对预制构件中预埋件性能的要求，施工中需注意构件吊装及安装后支撑等问题，以保证施工安全；<br>（4）装配整体式结构中，节点及接缝处的纵向钢筋连接宜根据接头受力、施工工艺等要求选用机械连接、套筒灌浆连接、浆锚搭接连接、焊接连接、绑扎搭接等连接方式，并应符合国家现行有关标准的规定。<br>钢筋灌浆套筒如图 1-1-3 所示，预制框架柱预埋连接套筒如图 1-1-4 所示 |
| 4 | 预制构件的深化设计 | （1）预制构件制作前应进行深化设计，深化设计应根据本项目施工图设计文件选用的标准图集、生产制作工艺、运输条件和安装施工要求等进行编制；<br>（2）预制构件详图中各类预留孔洞、预埋件、机电预留管线须与相关专业图纸仔细核对无误后方可下料制作；<br>（3）深化设计文件应经设计单位书面确认后方可作为生产依据 | 明确预制构件的深化设计要求；在预制构件生产前须对构件进行深化设计，并配合相关专业进行，不得随意更改经设计单确认的深化设计文件。<br>在装配式结构设计阶段之前需增加前期技术策划环节，以配合预制构件的生产加工需求来对预制构件加工图进行设计；预制构件加工图设计可由设计单位与预制构件生产企业等配合设计完成，且在设计中可采用 BIM 技术，协同各专业完成设计内容，提高设计精确度。<br>预制剪力墙预留的水电孔洞实例如图 1-1-5 所示 |

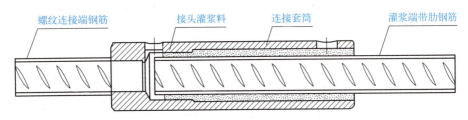

图 1-1-3　钢筋灌浆套筒

图 1-1-4　预制框架柱预埋连接套筒

图 1-1-5　预制剪力墙预留水电孔洞

（2）预制构件的生产和检验

《装配式结构专项说明》中"预制构件的生产和检验"部分的识读见表1-1-2。

表1-1-2 《装配式结构专项说明》中"预制构件的生产和检验"部分的识读

| 识读步骤 | 识读要点 | 图纸示例 | 识读说明 |
|---|---|---|---|
| 1 | 预制构件的生产和检验 | （1）预制构件的尺寸偏差和检验方法应符合《装配整体式混凝土结构设计规程》（DB 37/T 5018—2014）的相关规定。<br>（2）所有预制构件与现浇混凝土的结合面应做粗糙面，无特殊规定时粗糙面凹凸度不小于4mm，且外露粗骨料的凹凸应沿整个结合面均匀连续分布。<br>（3）预制构件的允许尺寸偏差除满足《装配整体式混凝土结构设计规程》的有关规定外，尚应满足如下的要求：<br>①预留钢筋的允许偏差见下表<br>\| 项目 \| 允许偏差/mm \|<br>\|---\|---\|<br>\| 中心线位置 \| ±2 \|<br>\| 外伸长度 \| +5, -2 \|<br>②与现浇结构相邻部位200mm宽度范围内表明平整度允许偏差应不超过1mm。<br>（4）预制墙板的误差控制应考虑相邻楼层的墙板，以及同层相邻墙板的误差，应避免"累计误差" | （1）明确预制构件的尺寸偏差和检验方法，在预制构件进场时，须严格按照装配式结构专项说明及相关技术规程要求对预制构件进行检验，检验应当有书面记录和专人签字；未经检验或者检验不合格的，不得使用。<br>（2）明确预制构件与现浇混凝土结合处粗糙面的处理要求。<br>（3）预制构件多在构件加工企业制作，监理一般不参与构件加工制作部分，无法像现浇构件一样监督构件制作质量，故预制构件进场必须经过检验，以弥补专业企业生产过程中无监理的情况，通过验证构件实际生产质量来确保结构质量和施工安全，也通过检验防止专业企业在制作中"偷工减料"，对于出现的严重缺陷及尺寸偏差的预制构件，应由预制构件生产企业按技术处理方案处理，并重新进场验收，此种情况处理过程有时不需经过监理与设计，以最终进场验收合格为准。<br>（4）为保证装配式结构的整体性，结构中还保有一定量的后浇段、现浇剪力墙等现浇结构；预制构件与现浇构件相连接的接触面需进行粗糙处理，使预制构件与现浇构件连接性增加；粗糙面的面积不宜小于结合面的80%，预制板的粗糙面凹凸深度不应小于4mm，预制梁端、预制柱端、预制墙端的粗糙面凹凸深度不应小于6mm；预制构件粗糙面实例如图1-1-6所示 |

1-1 粗糙面处理

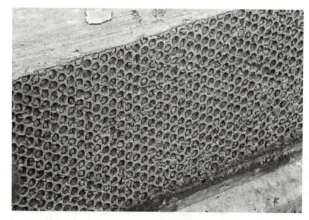

图1-1-6 预制构件粗糙面实例

（3）现场施工

《装配式结构专项说明》中"现场施工"部分的识读如表1-1-3所示。

（4）单体预制率

《装配式结构专项说明》中"单体预制率"部分的识读见表1-1-4，建筑单体预制率见表1-1-5。

表 1-1-3 《装配式结构专项说明》中"现场施工"部分的识读

| 识读步骤 | 识读要点 | 图纸示例 | 识读说明 |
|---|---|---|---|
| 1 | 现场施工 | （1）预制构件进场时，须进行外观检查，并核收相关质量文件。<br>（2）施工单位应编制详细的施工组织设计和专项施工方案。<br>（3）施工单位应对套筒灌浆施工工艺进行必要的试验，对操作人员进行培训；施工现场派专人值守和记录，并留有影像资料，注意对具有瓷砖饰面的预制构件进行成品保护。<br>（4）预制剪力墙板的安装详情可参考装配式结构专项说明。<br>（5）叠合楼盖、悬挑构件应设临时支撑，待结构达到设计承载力要求时方可拆除。<br>（6）现场施工操作面应设置安全防护围栏或外架，严格按照施工规程进行施工。<br>（7）预制构件在施工中的允许偏差除了满足《装配整体式混凝土结构设计规程》（DB 37/T 5018）的有关规定外，尚应满足下表：<br><br>| 项目 | 允许偏差/mm |<br>|---|---|<br>| 预制墙板下现浇结构顶面标高 | ±2 |<br>| 预制墙板中偏心偏移 | ±2 |<br>| 预制墙板垂直度 | $L/1500$ 且 $<2$ |<br>| 预制墙板水平/竖向缝宽度 | ±2 |<br>| 阳台板进入墙体宽度 | 0, 3 |<br>| 同一轴线相邻楼板/墙板高差 | ±3 | | （1）明确装配式结构施工准备工作，并按要求完成预制构件进场、施工组织设计及专项施工方案。<br>（2）明确装配式结构施工要求，做好施工管理工作，保障施工安全。<br>（3）明确预制剪力墙、叠合楼板等构件安全要求及要点，施工时需设置临时支撑，以便后续进行垂直度、水平位移等校正。<br>当施工单位第一次从事某种类型的装配式结构施工或结构形式比较复杂时，为保证预制构件制作、运输、装配等施工过程的可靠，施工前应针对重点过程进行试制作和试安装。<br>预制构件安装过程中应根据水准点和轴线校正位置，安装就位后应及时采取临时固定措施；预制构件与吊具的分离应在校准定位及临时固定措施安装完成后进行；临时固定措施的拆除应在装配式结构能达到后续施工承载要求后进行，如图 1-1-7 所示 |

图 1-1-7　预制构件临时固定措施实例

表 1-1-4 《装配式结构专项说明》中"单位预制率"部分的识读

| 识读步骤 | 识读要点 | 图纸示例 | 识读说明 |
|---|---|---|---|
| 1 | 单体预制率 | 详情可见表 1-1-5 | （1）明确该建筑地上总建筑面积；<br>（2）明确建筑单体装配率；<br>（3）明确建筑预制构件及部品采用种类。<br>在预制装配式建筑中，预制率和装配率是两个不同的概念。预制率是装配式混凝土建筑室外地坪以上主体结构和围护结构中预制构件部分的材料用量占对应构件材料总用量的体积比；装配率是装配式建筑中预制构件、建筑部品的数量（或面积）占同类构件或部品总数量（或面积）的比率 |

表 1-1-5 建筑单体预制率

| 项目 | 数值 | 项目 | 数值 |
|---|---|---|---|
| 地上总建筑面积 /m² | 2737.65 | 应用产业化技术的建筑面积 /m² | 2723.65 |
| 落实产业化技术的面积比例 | 100% | 建筑单体装配率（＞45%） | 45.4% |
| | | 外墙采用预制外墙挂板的比例 | 71.7% |

注：应用建筑产业化技术内容（用√标示）{ 框架：柱，梁，楼板√，楼梯√，外墙√，内墙√
整体厨房，整体卫生间，太阳能 }

（5）验收

《装配式结构专项说明》中"验收"部分的识读见表 1-1-6。

表 1-1-6 《装配式结构专项说明》中"验收"部分的识读

| 识读步骤 | 识读要点 | 图纸示例 | 识读说明 |
|---|---|---|---|
| 1 | 验收 | 可参考装配式结构专项说明 | （1）明确预制构件隐蔽工程验收内容及要求；<br>（2）明确预制构件出厂前成品质量验收内容及要求；<br>（3）明确预制构件出厂交付时，构件制作单位应提供验收材料种类 |

## 1.2 装配式混凝土建筑常用材料和配件质量要求

预制装配式混凝土构件的常用材料和配件有混凝土、钢筋、保温材料、拉结件、预埋螺栓、吊钉、灌浆套筒、线盒等，其中如水泥、细骨料、粗骨料、钢筋、预埋件等材料还需进场复检，经检验合格后方可投入使用。

### 1.2.1 混凝土中原材料质量要求

#### 1.2.1.1 水泥质量要求

水泥应选用普通硅酸盐水泥或硅酸盐水泥，质量应符合现行国家标准《通用硅酸盐水泥》（GB 175）的有关规定。进场应有产品合格证等质量证明文件，并对其品种、级别、包装（散装仓号）、出厂日期等进行检查，分别按批次对其强度、安定性、凝结时间等性能指标进行复检。

（1）强度

按规范标准制作胶砂强度试件，将成型的试块放入标准养护箱中养护，24h 后拆模，再将试块养护到规定的龄期。龄期达到后进行强度试验，并记录数据，形成水泥强度检验报告。对于达不到强度要求的水泥不得使用。

（2）安定性

水泥体积安定性是指水泥在凝结硬化过程中体积变化是否均匀的性能。如果水泥硬化后产生不均匀的体积变化，即为体积安定性不良，安定性不良会使水泥制品或混凝土构件产生膨胀性裂缝。安定性不合格的水泥应作废品处理，不能用于工程中。水泥体积安定性经沸煮法检验必须合格。

（3）凝结时间

硅酸盐水泥初凝不少于 45min，终凝不大于 390min。

普通硅酸盐水泥初凝不少于 45min，终凝不大于 600min。凡初凝时间不符合规定者为废品，终凝时间不符合规定者为不合格品。

（4）细度

细度是指水泥颗粒的粗细程度，它对水泥的凝结时间、强度、需水量和安定性有较大影响，所以是鉴定水泥品质的主要项目之一，一般用细度模数表示。细度模数越大，表示水泥颗粒越粗。

#### 1.2.1.2　粗骨料质量要求

石子应根据预制构件的尺寸选取相应粒径的连续级配碎石，使用前要对石子含水、含泥量进行检验，并用筛选分析试验对其颗粒级配进行检验，其质量应符合现行行业标准《普通混凝土用砂、石质量及检验方法标准》（JGJ 52）的规定。

#### 1.2.1.3　细骨料质量要求

砂宜选用细度模数为 2.3～3.0 的天然砂或机制砂，使用前要对砂的含水、含泥量进行检验，并用筛选分析试验对其颗粒级配及细度模数进行检验，其质量应符合现行行业标准《普通混凝土用砂、石质量及检验方法标准》（JGJ 52）的规定。不得使用海砂。

#### 1.2.1.4　外加剂质量要求

外加剂品种和掺量应通过实验室进行试配，其强度、质量应符合现行国家标准《混凝土外加剂》（GB 8076）相关规定，宜选用聚羧酸类高性能减水剂。

#### 1.2.1.5　粉煤灰质量要求

粉煤灰应符合现行国家标准《用于水泥和混凝土中的粉煤灰》（GB/T 1596—2017）中Ⅰ级或Ⅱ级技术性能及质量指标。进场前要求出具合格证和质保单等，按批次对其细度等进行检验。

#### 1.2.1.6　矿粉质量要求

矿粉应符合现行国家标准《用于水泥、砂浆和混凝土中的粒化高炉矿渣粉》（GB/T 18046—2017）中的 S95 级、S105 级各项技术性能及质量指标。进场前要求出具合格证和质保单等，按批次对其活性指数、氯离子含量、细度及流动度比等进行检验。

### 1.2.2　混凝土质量要求

混凝土配合比设计应符合现行行业标准《普通混凝土配合比设计规程》（JGJ 55—2011）的相关规定和设计要求。混凝土配合比已有必要的技术说明，包括生产时的调整要求。

混凝土中氯化物和碱总量应符合现行国家标准《混凝土结构设计标准》（GB/T 50010—2010）（2024 版）的相关规定和设计要求。

混凝土中不得掺加对钢材有锈蚀作用的外加剂。

预制构件混凝土强度等级不宜低于 C30；预应力混凝土构件的混凝土强度等级不宜低于 C40，且不应低于 C30。

### 1.2.3　钢筋质量要求

装配式结构中，钢筋的各项力学性能指标均应符合现行国家标准《混凝土结构设计标准》（GB/T 50010—2010）（2024 版）的相关规定。如采用套筒灌浆连接和浆锚搭接连接的钢筋应使用热轧带肋钢筋，其屈服强度标准值应小于 500MPa，极限强度标准值应小于 630MPa。

预制混凝土构件用钢筋应符合现行国家标准《钢筋混凝土用钢 第2部分：热轧带肋钢筋》（GB 1499.2—2024）等有关规定，进场前要求出具合格证和质保单，按批次对其抗拉伸强度、密度、尺寸、外观等进行检验，进场钢筋应按规定进行见证取样检测，检验合格后方可使用。

### 1.2.4 夹心保温材料质量要求

预制夹心保温构件的保温材料宜采用挤塑聚苯乙烯板（XPS）、硬泡聚氨酯（PUR）等轻质高效保温材料，选用时除应考虑材料的热导率外，还应考虑材料的吸水率、燃烧性能、强度等指标。

进场前要求供应商出具合格证和质保单，并对产品外观、尺寸、防火性能等进行检验。同时，按规定进行复检；保温材料除应符合现行国家标准和地方标准的规定外，还要符合设计和当地消防部门的相关要求。夹心保温材料应按不同材料、不同品种、不同规格进行储存，并注意做好防护。

### 1.2.5 预埋件质量要求

预埋件的材料、品种、规格、型号应符合现行国家相关标准的规定和设计要求；预埋管线的材料、品种、规格、型号应符合现行国家相关标准的规定和设计要求；预埋门窗框应有产品合格证和出厂检验报告，品种、规格、性能、型材壁厚、连接方式等应符合现行国家相关标准的规定和设计要求；预埋件按照构件制作图要求进行制作，并准确定位。各种预埋件进场前要求出具合格证和质保单，并对产品外观、尺寸、强度、防火性能、耐高温性能等进行检验。预埋件应委托具有相应资质的检测机构进行检测。

## 1.3 模具质量要求

### 1.3.1 模具类型

现有的模具体系可分为独立式模具和大底模式模具（即底模可公用，只加工侧模具）。

独立式模具用钢量较大，适用于构件类型较单一且重复次数多的项目。

大底模式模具只需制作侧边模具，底模还可以在其他工程上重复使用。

主要模具类型包括大底模（平台）、叠合楼板模具、阳台板模具、楼梯模具、内墙板模具和外墙板模具等。

### 1.3.2 模具设计要点

（1）外墙板模具设计要点

外墙板一般采用三明治结构，即结构层（200mm）+保温层（50mm）+保护层（60mm）。此类墙板可采用正打或反打工艺。建筑对外墙板的平整度要求很高，如果采用正打工艺，无论是人工抹面还是机器抹面，都不足以达到要求的平整度，对后期施工较为不利。但是正打工艺，有利于预埋件的定位，操作工序也相对简单。可根据工程的需求，选择不同的工艺。以墙体反打工艺模具为例：根据浇注顺序，将模具分为两层，第一层为保护层+保温层，第二层为结构层。第一层模具作为第二层的基础，所以在第一层的连接处需要加固。第二层的结构层模具同内墙板模具形式。结构层模具的定位螺栓较少,故需要增加拉杆定位,防止胀模(见图1-3-1)。

(2)内墙板模具设计要点

由于内墙板就是混凝土实心墙体,一般没有造型。预制内墙板的厚度一般为200mm,为便于加工,可选用20#槽钢作为边模。内墙板三面均有外漏筋,且数量较多,需要在槽钢上开许多豁口,导致边模刚度不足,周转中容易变形,所以应在边模上增设肋板(见图1-3-2)。

图1-3-1 外墙板模具图

图1-3-2 内墙板模具图

(3)叠合楼板模具设计要点

根据叠合楼板高度,可选用相应的角钢作为边模,当楼板四边有倒角时,可在角钢上后焊一块折弯后的钢板。由于角钢组成的边模上开了许多豁口,导致长向的刚度不足,故沿长向可分若干段,以每段1.5~2.5m为宜。侧模上还需设加强肋板,间距为400~500mm(见图1-3-3)。

(4)楼梯模具设计要点

楼梯模具可分为卧式和立式两种模式,卧式模具占用场地,需要压光的面积较大,构件需多次翻转,故推荐设计为立式楼梯模具。重点为楼梯踏步的处理,由于踏步呈波浪形,钢板需折弯后拼接,拼缝的位置宜放在既不影响构件效果又便于操作的位置,拼缝的处理可采用焊接或冷拼接工艺,都需要特别注意拼缝处的密封性,严禁出现漏浆现象(见图1-3-4)。

图1-3-3 叠合楼板模具图

图1-3-4 楼梯模具图

(5)阳台模具设计要点

为了体现建筑立面效果,一般住宅建筑的阳台板设计为异形构件。构件的四周都设计了反边,导致不能利用大底模生产。可设计为独立式的模具,根据构件数量,选择模具材料。首先考虑构件脱模的问题,在不影响构件功能的前提下,可适当留出脱模斜度(1/10左右)。当构件高度较大时,应重点考虑侧模的定位和刚度问题。

(6)底模设计要点

面板根据楼层高度和构件长度,宜选用整块的钢板。每个大底模上布置不宜超过3块构件，据此选择底模长度，宽度由建筑层高决定。对于板面要求不严格的，可采用拼接钢板的形式，但需注意拼缝的处理方式。大底模支撑结构可选用工字钢或槽钢，为了防止焊接变形，大底模最好设计成单向板的形式，面板一般选用 10mm 钢板。大底模使用时，需固定在平整的基础上，定位后的操作高度不宜超过 500mm。

（7）外墙板和内墙板模具防漏浆设计要点

构件三面都有外漏钢筋，侧模处需开对应的豁口，数量较多，造成拆模困难。为了便于拆模，豁口开得大一些，用橡胶等材料将混凝土与边模分离开，从而大大降低了拆卸难度。

（8）边模定位方式设计要点

边模与大底模通过螺栓连接，为了快速拆卸，宜选用 M12 的粗牙螺栓。在每个边模上设置 3~4 个定位销，以更精确地定位。连接螺栓的间距控制在 500~600mm 为宜，定位销间距不宜超过 1500mm。

（9）预埋件定位设计要点

预制混凝土构件预埋件较多，且精度要求很高，需在模具上精确定位，有些预埋件的定位在大底模上完成，有些预埋件不与底模接触，需要通过靠边模支撑的吊模完成定位。吊模要求拆卸方便，定位唯一，以防止错用。

（10）模具加固设计要点

对模具使用次数必须有一定的要求，故有些部位必须加强，一般通过肋板解决，当楼板不足以解决时，可把每个肋板连接起来，以增强整体刚度。

（11）模具验收要点

除外形尺寸和平整度外，还应重点检查模具的连接和定位系统。

（12）模具的经济性分析要点

根据项目中每种预制构件的数量和工期要求，配备出合理的模具数量，再摊销到每种构件中，得出一个经济指标，一般为每方混凝土中含多少钢材，据此可作为报价的一部分。

### 1.3.3 模具使用要求

（1）编号要点

由于每套模具被分解得较零碎，需按顺序统一编号，防止错用。

（2）组装要点

边模上的连接螺栓和定位销一个都不能少，必须紧固到位。为了构件脱模时边模顺利拆卸，防漏浆的部件必须安装到位。

（3）吊模等工装的拆除要点

在预制混凝土构件蒸汽养护之前，要把吊模和防漏浆的部件拆除。选择此时拆除的原因是吊模好拆卸，在流水线上，不占用上部空间，可降低蒸养窑的层高。

混凝土此时几乎还没强度，防漏浆的部件很容易拆除，若等到脱模的时候，混凝土的强度已到 20MPa 左右，防漏浆部件、混凝土和边模会紧紧地黏在一起，极难拆除。所以防漏浆部件必须在蒸汽养护之前拆掉。

（4）模具的拆除要点

当构件脱模时，首先将边模上的螺栓和定位销全部拆卸掉，为了保证模具的使用寿命，禁止使用大锤。拆卸的工具宜为皮锤、羊角锤、小撬棍等工具。

（5）模具的养护要点

在模具暂时不使用时，须在模具上涂刷一层机油，防止腐蚀。

预制构件模具应满足承载力、刚度和整体稳定性要求，保证在构件生产时能可靠承受浇筑混凝土的重量、侧压力及工作荷载；应支、拆方便，且应便于钢筋安装和混凝土浇筑、养护；模具的部件与部件之间应连接牢固，预制构件上的预埋件均应有可靠固定措施；除此之外还应符合下列规定，应满足构件质量、生产工艺、模具组装拆卸、周转次数、预制构件预留孔洞、插筋、预埋件的安装定位要求。预应力构件的模具应根据设计要求进行预设反拱。

所有模具必须保持干净，不得存有铁锈、油污及混凝土残渣，根据生产计划合理选取模具，保证充分利用模台，对于存在变形超过规定要求的模具一律不得使用，首次使用及大修后的模具应当全数检查，使用中的模具应当定期检查，并做好检查记录，预制构件的模具尺寸允许偏差及检验方法应符合表1-3-1的规定，有设计要求时应按设计要求确定。

表1-3-1 模具尺寸允许偏差及检验方法

| 项次 | 检验项目及内容 | | 允许偏差/mm | 检验方法 |
| --- | --- | --- | --- | --- |
| 1 | 长度 | ≤6m | 1，-2 | 用钢尺平行构件高度方向，取其中偏绝对值较大处 |
| | | >6m且≤12m | 2，-4 | |
| | | >12m | 3，-5 | |
| 2 | 截面尺寸 | 墙板 | 1，-2 | 用钢尺测量两端或中部，取其中偏绝对值较大处 |
| 3 | | 其他构件 | 2，-4 | |
| 4 | 对角线差 | | 3 | 用钢尺测量纵横两方向的对角线 |
| 5 | 侧向弯曲 | | L/500且≤5 | 拉线，用钢尺测量侧向弯曲最大处 |
| 6 | 翘曲 | | L/500 | 对角拉线测量交点间距值的2倍 |
| 7 | 底模表面平整度 | | 2 | 用2m靠尺和塞尺测量 |
| 8 | 组装缝隙 | | 1 | 用塞片或塞尺测量 |
| 9 | 端模与侧模高低差 | | 1 | 用钢尺测量 |

注：$L$为模具与混凝土接触面中最长边的尺寸。

## 1.3.4 模具组装要求

边模组装前应当贴双面胶或者组装后打密封胶，防止浇筑振捣过程漏浆，侧模与底模、顶模组装后必须在同一平面内，严禁出现错台；组装后校对尺寸，特别注意对角尺寸，然后使用磁力盒进行加固，使用磁力盒固定模具时，一定要将磁力盒底部杂物清除干净，且必须将螺栓有效地压到模具上，模具组装允许偏差及检验方法见表1-3-2。

表1-3-2 模具组装允许偏差及检验方法

| 项次 | 测定部位 | 允许偏差/mm | 检验方法 |
| --- | --- | --- | --- |
| 1 | 边长 | ±2 | 钢尺四边测量 |
| 2 | 对角线误差 | 3 | 细线测量两根对角线尺寸，取差值 |
| 3 | 底模平整度 | 2 | 对角用细线固定，钢尺测量细线到底模各点距离的差值，取最大值 |
| 4 | 侧模高差 | 2 | 钢尺两边测量取平均值 |
| 5 | 表面凹凸 | 2 | 靠尺和塞尺检查 |

续表

| 项次 | 测定部位 | | 允许偏差/mm | 检验方法 |
|---|---|---|---|---|
| 6 | 扭曲 | | 2 | 对角线用细线固定，钢尺测量中心点高度差值 |
| 7 | 翘曲 | | 2 | 四角固定细线，钢尺测量细线到钢模板边距离，取最大值 |
| 8 | 弯曲 | | 2 | 四角固定细线，钢尺测量细线到钢模顶距离，取最大值 |
| 9 | 侧向扭曲 | $H \leqslant 300mm$ | 1.0 | 侧模两对角线细线固定，钢尺测量中心点高度 |
|  |  | $H > 300mm$ | 2.0 |  |

注：$H$ 为边模模具高度。

模具预留孔洞中心位置的允许偏差见表 1-3-3。

表 1-3-3　模具预留孔洞中心位置的允许偏差

| 项次 | 检验项目及内容 | 允许偏差/mm | 检验方法 |
|---|---|---|---|
| 1 | 预埋件、插筋、吊预留孔洞中心位置环 | 3 | 用钢尺测量 |
| 2 | 预埋螺栓、螺母中心位置 | 2 | 用钢尺测量 |
| 3 | 灌浆套筒中心线位置 | 1 | 用钢尺测量 |

## 1.4　预制构件安全生产技术要求

### 1.4.1　预制构件安全技术资料要求

#### 1.4.1.1　预制构件原材料

主要预制构件原材料进场前，应提供材料厂家的营业执照、生产许可证、材料型式检验报告，证照及报告均应在有效期内。进场时，随车应提供材料质量证明文件（送输单据、出厂检测报告、合格证等），有产品执行标准的铺料进场时，随车应提供材料质量证明文件（运输单据、出厂检测报告、合格证等）。混凝土材料检验标准应符合表 1-4-1 的要求。

表 1-4-1　混凝土材料检验标准

| 品种 | 执行标准 | 进场试验 | 批次试验 |
|---|---|---|---|
| 水泥 | GB 175—2007 | — | 安定性、凝结时间、强度（不大于 500t） |
| 粉煤灰 | GB/T 1596—2017 | 细度检测，颜色检查（车检） | 细度、流失量（不大于 200t） |
| 砂 | JGJ 52—2006 | 筛分、含泥量目检测（日检） | 筛分析、含泥量、泥块含量（600t） |
| 石 | JGJ 52—2006 | 筛分、含泥量目检测（日检） | 筛分析、含泥量、泥块含量、针片状、压碎值表（600t） |
| 外加剂 | GB 8076—2008<br>GB 50119—2013 | 砂浆流动度检测（车检） | pH 值、密度、含固量减水率（不大于 50t） |
| 钢筋 | GB 1499.1～1499.2<br>GB/T 1499.3 | — | 拉伸、弯曲、反向弯曲、尺寸表面、重量、晶粒度（当不大于 60t 时，每 40t 增加拉伸和弯曲） |

钢筋进场时，应按国家现行相关标准抽取试件做屈服强度、抗拉强度、伸长率、弯曲性能和重量偏差检验，检验结果应符合 GB 1499.1、GB 1499.2 标准的规定，同一厂家、同一类型、同一钢筋来源的成型钢筋，不超过 30t 为一批。用于预制构件的钢筋及混凝土原材料，按进场检验及批次检验要求进行检验，并填写试验记录，形成试验报告。

用于吊点埋置的波纹套筒应做拉拔试验，50%、70%、100% 混凝土强度各做一组，每组 3 个试件。

用于混凝土构件的金属埋件，应做镀锌处理。

用于预制件使用的主要材料，经检验符合工程使用要求后可用于预制构件生产。

用于预制件使用的辅料，经检查符合工程使用要求后方可用于预制构件生产。

#### 1.4.1.2 构件模具

使用模具厂加工定型模具。预制构件模具组装允许偏差及检验方法见表 1-4-2。

表 1-4-2 预制构件模具组装允许偏差及检验方法

| 项次 | 测定部位 | | 允许偏差 /mm | 检验方法 |
| --- | --- | --- | --- | --- |
| 1 | 边长 | | ±2 | 钢尺四边测量 |
| 2 | 对角线误差 | | 3 | 细线测量两根对角线尺寸，取差值 |
| 3 | 底模平整度 | | 2 | 对角用细线固定，钢尺测量细线到底模各点距离的差值，取最大值 |
| 4 | 侧模高差 | | 2 | 钢尺两边测量取平均值 |
| 5 | 表面凹凸 | | 2 | 靠尺和塞尺检查 |
| 6 | 扭曲 | | 2 | 对角线用细线固定，钢尺测量中心点高度差值 |
| 7 | 翘曲 | | 2 | 四角固定细线，钢尺测量细线到钢模板边距离，取最大值 |
| 8 | 弯曲 | | 2 | 四角固定细线，钢尺测量细线到钢模顶距离，取最大值 |
| 9 | 侧向扭曲 | $H \leq 300mm$ | 1.0 | 侧模两对角线细线固定，钢尺测量中心点高度 |
| | | $H > 300mm$ | 2.0 | |

注：$H$ 为边模模具高度。

PC 车间及技术部门配合物资部门确定模具制作方案，以书面形式向模具厂提出模具质量标准及要求。

模具进场时，物资部门组织 PC 车间及技术部门进行验收，符合模具质量标准及要求方可使用。与混凝土接触的模具面应清理打磨，模板面平整干净，不得有锈迹和油污。

使用水性脱模剂作为混凝土隔离剂，脱模剂应涂刷均匀，不得有橘皮和局部未喷涂现象。水性脱模剂涂刷后应在 8h 内浇筑混凝土，防止水性脱模剂涂刷时间长造成的模板生锈情况。

水洗面处理的模板面需涂刷缓凝剂时，应在合模前将模板涂刷缓凝剂，合模时缓凝剂不得出现流淌现象、非水洗面的模板面和钢筋面不得有缓凝剂。

模板拼缝处使用 3~5mm 的模具卡件密封处理，模板接缝应严密。

易出现漏浆的孔洞及间隙应采取相应的封堵措施，防止因漏浆导致的外观质量缺陷。

安装后的模板内不得有积水和其他杂物，使用温度不得超过 45℃。

模板安装后安装人员进行检验，检验数量为全数检查。符合模板安装质量要求后通知技术部门进行专项检验，模板首次使用时应全数检查，使用过程中的模板应抽查 10%，且不少于 5 件。

模板分项自检及专检结果符合要求方可进行下一道工序，且应有检验记录。

#### 1.4.1.3 预制构件中钢筋加工及安装

钢筋质量证明文件齐全有效，进场检验质量符合使用要求方可使用。

预制构件使用的钢筋应平直、无损伤，表面不得有裂纹、油污、颗粒状或片状老锈。

钢筋加工的尺寸偏差应符合表 1-4-3 的要求。加工人员及检验人员对同设备加工的同类型钢筋，每工作班抽查不应少于 3 件。

完成的成型钢筋骨架应分类堆放，经检验合格的钢筋骨架须悬挂检验合格标识牌并记录，不合格品应及时修正或做报废处理。

表 1-4-3　钢筋加工尺寸偏差

| 项目 | 允许偏差 /mm |
| --- | --- |
| 受力钢筋沿长度方向的净尺寸 | ±10 |
| 弯起钢筋的弯折位置 | ±20 |
| 箍筋外廓尺寸 | ±5 |

钢筋安装偏差及检验方法应符合表 1-4-4 规定，受力钢筋保护层厚度的合格点率应达到 90% 及以上，且不得有超过表中数值 1.5 倍的尺寸偏差。钢筋安装人员对安装的钢筋全数检查，检验人员在同一检验批内，应抽查构件数量的 10%，且不应少于 3 件。

表 1-4-4　钢筋安装偏差及检验方法

| 项目 | | 允许偏差 /mm | 检验方法 |
| --- | --- | --- | --- |
| 绑扎钢筋网 | 长、宽 | ±10 | 尺量 |
| | 网眼尺寸 | ±20 | 钢尺量连续三挡，取最大值 |
| 绑扎钢筋骨架 | 长 | ±10 | 尺量 |
| | 宽、高 | ±5 | 尺量 |
| 纵向受力钢筋 | 锚固长度 | -20 | 尺量 |
| | 间距 | ±10 | 钢尺量梁段，中间一点，取最大偏差值 |
| | 排距 | ±5 | 钢尺量连续三挡，取最大值 |
| 纵向受钢筋，箍筋的混凝土保护层厚度 | 墙 | ±3 | 尺量 |
| 绑扎箍筋、横向钢筋间距 | | ±20 | 钢尺量连续三挡，取最大值 |
| 钢筋弯起点位置 | | 20 | 尺量 |
| 预埋件 | 中心线位置 | 5 | 尺量 |
| | 水平高度 | 3,0 | 塞尺量测 |

保护层垫块应结构合理，造型匀称，便于使用。保护层垫块宜采用塑料类垫块，且应与钢筋笼绑扎牢固。垫块按梅花状布置，间距不宜大于 600mm。

钢筋分项目检及专检结果符合要求方可进行下一道工序，且应有检验记录。

#### 1.4.1.4　预制构件生产

为防止构件出现批量性品质问题，预制构件生产应执行首件检验制度，首件生产时，甲方、监理、营销、生产、技术等部门均应参加，首件产品符合工程要求后方可正式批量生产。

使用 PC 车间 $2m^3$ 立式行星搅拌机拌制混凝土，搅拌机上料机构应安全可靠，无卡料、漏料现象。搅拌机出料机构应工作稳定，卸料迅速、干净，出料口不能有明显漏水、漏浆现象。

用于转运的中间料斗及浇筑料斗，料斗门应关闭严密，开启关闭灵活到位，不得出现漏浆和漏料情况。

搅拌机称量系统进行年度法定检定工作，并对检定结果进行确认，检定结果符合使用要求且在有效期内的称量系统方可生产使用。车间定期对搅拌机称量系统进行校准，每月不少于一次。

预制构件混凝土生产时，单盘方量不宜低于 $0.4m^3$。

经实验室签发确认的混凝土配合比方可用于预制构件生产。首次使用的混凝土配合比应进行开盘鉴定，其原材料、强度、凝结时间、稠度等应满足设计配合比的要求。

每班取样检测砂石含水率，计算施工配合比，混凝土生产按施工配合比进行生产。

混凝土生产中，材料计量偏差应符合表 1-4-5 的要求。

表 1-4-5　材料计量偏差表

| 原材料品种 | 水泥 | 细骨料 | 粗骨料 | 水 | 掺合料 | 外加剂 |
| --- | --- | --- | --- | --- | --- | --- |
| 每盘计量允许偏差 /% | ±2 | ±3 | ±3 | ±2 | ±2 | ±2 |

每班应取样检测混凝土拌合物稠度，确认拌合物性能满足施工方案的要求。对同一配合比混凝土，每拌制 100 盘且不超过 100m³ 时，取样不得少于 1 次；混凝土拌合物符合施工方案要求方可浇筑使用，实验室取样制作混凝土强度试件，对同一配合比混凝土，每拌制 100 盘且不超过 100m³ 时，取样不得少于 1 次，每次制作试件不得低于 4 组，出池检测和出厂检测各 1 组，出池转标准养护 1 组，备用 1 组。

拌合物性能不符合浇筑要求的混凝土禁止浇筑使用，通知实验室处理，和易性异常的混凝土严禁施工浇筑和制作试件。拌制的混凝土拌合物从搅拌至浇筑完成，宜在 60min 内完成。生产过程中根据砂石含水率变化和坍落度要求，调整用水量，满足混凝土浇筑要求。砂率、外加剂、胶凝材料调整应经实验室确认后调整。

混凝土振捣。外墙板使用振动平台振捣。根据混凝土浆体稠度振捣时间，以混凝土停止下沉、不出现气泡、表面泛浮浆为止。

混凝土抹面及表面。混凝土浇筑完成后即对操作面做收平处理，收面高度宜高于控制高度 1～2mm。在混凝土表面收光后至初凝前，使用钢抹子压光收平，具体收面时间根据观测确定。使用专用工具对表面划痕处理，划痕深度和宽度为 4～6mm，划痕应分布均匀。具体操作时间根据观测确定。

#### 1.4.1.5　预制构件养护

预制构件养护时应注意：

① 预制构件浇筑完毕后应进行养护，可根据预制构件的特点选择自然养护、自然养护加养护剂或加热养护方式。

② 加热养护制度应通过试验确定，宜在常温下预养护 2～6h，升、降温度不应超过 20℃/h，最高温度不宜超过 70℃，预制构件脱模时的表面温度与环境温度的差值不宜超过 25℃。

③ 夹芯保温外墙板采取加热养护时，养护温度不宜大于 50℃，以防止保温材料变形对构件造成的破坏。

1-2 预制构件养护

④ 预制构件脱模后可继续养护，养护可采用水养、洒水、覆盖和喷涂养护剂等一种或几种方法相结合的方式。

⑤ 水养和洒水养护的养护用水不应使用回收水，水中养护应避免预制构件与养护池水有过大的温差，洒水养护次数以能保持构件处于润湿状态为宜，且不宜采用不加覆盖仅靠构件表面洒水的养护方式。

⑥ 当不具备水养或洒水养护条件或当日平均温度低于 5℃时，可采用涂刷养护剂的方式；养护剂不得影响预制构件与现浇混凝土面的结合强度。

预制构件通常使用养护仓进行构件养护。

#### 1.4.1.6 预制构件拆模

预制构件在拆模时应注意：

① 预制构件在拆模前，需要做同条件试块的抗压试验，试验结果达到一定要求后方可拆模。

② 将拆下的边模由两人抬起轻放到边模清扫区，并送至钢筋骨架绑扎区域。

③ 拆卸下来的所有的工装、螺栓、各种零件等必须放到指定位置。

④ 模具拆除完毕后，将底模周围的卫生打扫干净。

⑤ 用电动扳手拆卸侧模的紧固螺栓，打开磁盒磁性开关后将磁盒拆卸，确保都完全拆卸后将边模平行向外移出，防止边模在此过程中变形。

1-3 预制构件脱模

通常情况下，当预制构件混凝土强度能保证其表面及棱角不因拆模板而受损时，方可拆除侧模。侧模拆除时间根据混凝土强度增长情况观测确定。构件侧面混凝土颜色还是青色，没有泛白时严禁拆除模板。

拆除模板应采用相应的辅助工具作业，避免大力操作损伤模板或混凝土构件。

构件脱模时，生产人员及检验人员对构件进行全数检查，一般性缺陷可对构件做修复处理，严重性缺陷通知技术中心处理。

构件外观质量和尺寸偏差符合工程要求后，则在构件表面喷写构件标识，如表1-4-6所示。

表1-4-6 构件标识表

| 构件名称 | | | |
|---|---|---|---|
| 工程名称 | | 构件编号 | |
| 浇筑日期 | | 检验结果 | |
| 构件重量 | | 检验人员 | |

喷写构件标识后的构件方可入库，外墙板立放在支撑架上。

实验室检测留置混凝土试件强度，混凝土强度大于等于设计强度值时，在该批次的构件标识中的"检验结果"栏填写"合格"。构件标识填写完整的构件方可出厂。

#### 1.4.1.7 预制构件存放与运输

预制混凝土构件如果在存储、运输、吊装等环节发生损坏将会很难补修，既耽误工期又造成经济损失。因此，大型预制混凝土构件的存储工具与物流组织非常重要。

（1）预制构件存放

目前，国内的预制混凝土构件的主要储存方式有平层叠放和竖向固定两种方式。其中又分为车间内专用储存架或平层叠放，室外专用储存架、平层叠放或散放。对于楼板、楼梯、梁和柱通常采用平面叠放方式，墙板构件采用竖向固定方式，固定方式又可分为固定式存储架和模块式存储架，如图1-4-1～图1-4-8所示。

对于全预制外墙板的堆放，宜采用插放或靠放，堆放架应有足够的刚度，并应支垫稳固；构件采用靠放架立放时，宜对称靠放，与地面的倾斜角度大于80°；宜将相邻堆放架连成整体。

图 1-4-1　预制楼梯的存放

图 1-4-2　预制叠合板的存放

图 1-4-3　PC 梁的存放

图 1-4-4　PC 柱的存放

图 1-4-5　预制外墙的存放

图 1-4-6　预制内墙的存放

图 1-4-7　PCF 板的存放

图 1-4-8　预制阳台的存放

连接止水条、高低口、墙体转角等薄弱部位，应采用定型保护垫块或专用式套件做加强保护。重叠堆放构件时,每层构件间的垫木和垫块应在同一垂直线上。堆垛层数应根据构件自身荷载、地坪、垫木或垫块承受能力及堆垛的稳定性确定。预制构件的码放应预埋吊件向上,标志向外;垫木或垫块在构件下的位置宜与脱模、吊装时的起吊位置一致。

对于双面叠合墙板堆放应采用多层平放、堆放、靠架和插放,构件也应采用成品保护的原则合理堆放,减少二次搬运的次数。

平放时每垛不宜超过5层。最下层墙板与地面不直接接触,应支垫两根与板宽相同的方木,层与层之间应垫平、垫实,各层垫木应在同一垂直线上。

采用插放或靠放时,堆放架应有足够的刚度,并应支垫稳固;对采用靠放架立放的构件,应对称靠放,与地面倾斜角度大于80°;宜将相邻堆放架连成整体。墙体转角等薄弱部位,应采用定型保护垫块或专用式套件做加强保护。

预制构件的堆放应符合下列规定:场地应平整、坚实,并应有良好的排水措施;应保证最下层构件垫实,预埋吊件宜向上,标识宜朝向堆垛间的通道;垫木或垫块在构件下的位置宜与脱模、吊装时的起吊位置一致。重叠堆放构件时,每层构件间的垫木或垫块应在同一垂直线上;堆垛层数应根据构件与垫木或垫块的承载能力及堆垛的稳定性确定,必要时应设置防止构件倾覆的支架;施工现场堆放的构件,宜按安装顺序分类堆放,堆垛宜布置在吊车工作范围内且不受其他工序施工作业影响的区域;预应力构件的堆放应考虑反拱的影响。成品应按合格、待修和不合格分类堆放,并应进行标识。

(2)预制构件运输

预制构件的运输首先应考虑公路管理部门的要求和运输路线的实际状况,确保满足运输安全。装载预制构件的货车宽度应小于2.5m,高度不超过4.0m,长度小于15.5m。一般情况下,货车总载重不超过容许载重且小于40t,特殊构件须经过公路管理部门的批准且要采取一定的措施,以保证货车总宽不超过3.3m,总高不超过4.2m,总长不超过24m,总载重不超过48t。

预制构件的运输一般采用立式运输方式和平层叠放运输方式。

立式运输方式是在底盘平板车上按照专用运输架、墙板对称靠放或者插放在运输架上。对于内、外墙板和PCF板等竖向构件多采用立式运输方案,如图1-4-9所示。

平层叠放运输方式是将预制构件平放在运输车上,一件一件叠放在一起进行运输,如图1-4-10所示。叠合板、阳台板、楼梯、装饰板等水平构件多采用平层叠放运输方式。其中,叠合楼板:标准6层/叠,不影响质量安全可到8层,堆码时按产品的尺寸大小堆叠;预应力板:堆码8~10层/叠;叠合梁:2~3层/叠(最上层的高度不能超过挡边一层),考虑是否有加强筋向梁下端弯曲。

除此之外,对于一些小型构件和异形构件,多采用散装方式进行运输。

成品运输时,必须使用专用吊具,应使每一根钢丝绳均匀受力。钢丝绳与成品的夹角不得小于45°,确保成品呈平稳状态,应轻起慢放。

运输车应有专用垫木,垫木位置应符合图纸要求。运输轨道应在水平方向无障碍物,车速应平稳缓慢,不得使成品处于颠簸状态。运输过程中发生成品损伤时,必须退回车间返修,并重新检验。

图 1-4-9　预制构件立式运输示意图　　　图 1-4-10　预制构件平层叠放运输示意图

预制构件的运输应符合下列规定：预制构件的运输线路应根据道路、桥梁的实际条件确定。场内运输宜设置循环线路；运输车辆应满足构件尺寸和载重要求；装卸构件时应考虑车体平衡，避免造成车体倾覆；应采取防止构件移动或倾倒的绑扎固定措施；运输细长构件时应根据需要设置水平支架；对构件边角部或链索接触处的混凝土，宜采用垫衬加以保护。

另外，墙板构件应根据施工要求选择堆放和运输方式。对于外观复杂墙板，宜采用插放架或靠放架直立堆放、直立运输。插放架、靠放架应有足够的强度、刚度和稳定性。采用靠放架直立堆放的墙板宜对称靠放、饰面朝外，倾斜角度不宜小于80°。吊运平卧制作的混凝土屋架时，宜平稳、一次就位，并应根据屋架跨度、刚度确定吊索绑扎形式及加固措施。屋架堆放时，可将几榀屋架绑扎成整体以增加稳定性。

#### 1.4.1.8　预制构件产品质量

预制混凝土结构构件包括构件厂内的单体产品生产和工地现场装配两个大的环节，构件单体的材料、尺寸误差以及装配后的连接质量、尺寸偏差等在很大程度上决定了实际结构能否实现设计意图，因此预制构件质量控制问题尤为重要。

（1）预制构件的外观检测

预制构件的外观质量不应有严重缺陷和一般缺陷，也不应有影响结构性能和安装、使用功能的尺寸偏差。对预制构件的外观检测，主要检查是否存在露筋、蜂窝、孔洞、夹渣、疏松、裂缝及连接部位缺陷、外形缺陷、外表缺陷。预制构件常见的外观质量缺陷应满足表1-4-7的要求。

表 1-4-7　预制构件常见的外观质量缺陷

| 名称 | 现象 | 严重缺陷 | 一般缺陷 |
| --- | --- | --- | --- |
| 露筋 | 构件内钢筋没有被混凝土包裹外露 | 纵向受力筋有露筋 | 其他钢筋有少量露筋 |
| 蜂窝 | 混凝土表面缺少水泥砂浆形成石子外露 | 构件主要受力部位有蜂窝 | 其他钢筋有少量蜂窝 |
| 孔洞 | 混凝土中空穴深度和长度均超过保护层厚度 | 构件主要受力部位有孔洞 | 其他钢筋有少量孔洞 |
| 夹渣 | 混凝土中夹有杂物且深度超过保护层厚度 | 构件主要受力部位有夹渣 | 其他钢筋有少量夹渣 |
| 疏松 | 混凝土中局部不密实 | 构件主要受力部位有疏松 | 其他钢筋有少量疏松 |

续表

| 名称 | 现象 | 严重缺陷 | 一般缺陷 |
|---|---|---|---|
| 裂缝 | 缝隙从混凝土表面延伸至混凝土内部 | 构件主要受力部位有影响结构性能或使用功能的裂缝 | 其他部位有少量不影响结构性能或使用功能的裂缝 |
| 连接部位缺陷 | 构件连接处混凝土缺陷及连接钢筋、连接件松动、灌浆套筒未保护、灌浆孔洞缺陷 | 连接部位有影响结构传力性能的缺陷 | 连接部位有基本不影响结构传力性能的缺陷 |
| 外形缺陷 | 缺棱掉角、棱角不直、翘曲不平、飞出凸肋等；装饰面砖黏结不牢、表面不平、砖缝不顺直等 | 清水或带装饰的混凝土构件内有影响使用功能或装饰效果的外形缺陷 | 其他混凝土构件有不影响使用功能的外形缺陷 |
| 外表缺陷 | 构件表面麻面、掉皮、起砂、沾污等 | 具有重要装饰效果的清水混凝土构件有外表缺陷 | 其他混凝土构件有不影响使用功能的外表缺陷 |

（2）预制构件的尺寸检验

预制混凝土构件外形尺寸允许偏差及检验方法见表1-4-8。

表1-4-8 预制混凝土构件外形尺寸允许偏差及检验方法

| 项目 | | | 允许偏差/mm | 检验方法 |
|---|---|---|---|---|
| 长度 | 板、梁、柱、桁架 | ≤12m | ±5 | 尺量检查 |
| | | >12m且≤18m | ±10 | |
| | | <18m | ±20 | |
| | 墙板 | | ±4 | |
| 宽度、（高）厚度 | 板、梁、柱、桁架横截面尺寸 | | ±5 | 钢尺测量一端及中部，取其中偏差绝对值较大处 |
| | 墙板的高度、厚度 | | ±3 | |
| 表面平整度 | 板、梁、柱、墙板内表面 | | 5 | 2m靠尺和塞尺检查 |
| | 墙板外表面 | | 3 | |
| 侧向弯曲 | 板、梁、柱 | | $L/750$ 且<20 | 拉线、钢尺测量侧向弯曲最大处 |
| | 墙板、桁梁 | | $L/1000$ 且<20 | |
| 翘曲 | 板 | | $L/750$ | 调平尺在两端测量 |
| | 墙板 | | $L/1000$ | |
| 对角线差 | 板 | | 10 | 钢尺测量两个对角线 |
| | 墙板、门窗口 | | 5 | |
| 挠度变形 | 梁、板、桁梁设计起拱 | | ±10 | 拉线、钢尺测量最大弯曲处 |
| | 梁、板、桁梁下垂 | | 0 | |
| 预留孔 | 中心线位置 | | 5 | 尺量检查 |
| | 孔尺寸 | | ±5 | |
| 预留洞 | 中心线位置 | | 10 | 尺量检查 |
| | 洞口尺寸、深度 | | ±10 | |
| 门窗口 | 中心线位置 | | 5 | 尺量检查 |
| | 宽度、高度 | | ±3 | |
| 预埋件 | 预埋件中心位置 | | 5 | 尺量检查 |
| | 预埋件与混凝土面平面高差 | | 0，-5 | |

续表

| 项目 | | 允许偏差/mm | 检验方法 |
|---|---|---|---|
| 预埋件 | 预埋螺栓中心线位置 | 2 | 尺量检查 |
| | 预埋螺栓外露长度 | +10,-5 | |
| | 预埋套筒、螺母中心线位置 | 2 | |
| | 预埋套筒、螺母与混凝土面平面高差 | 0,-5 | |
| | 线管、电盒、木砖、吊环与构件平面的中心线位置偏差 | 20 | |
| | 线管、电盒、木砖、吊环在构件表面混凝土高差 | 0,-10 | |
| 预留插筋 | 中心线位置 | 3 | 尺量检查 |
| | 外露长度 | ±5 | |
| 键槽 | 中心线位置 | 5 | 尺量检查 |
| | 长度、宽度、深度 | ±5 | |

注：1. $L$ 为构件长度（mm）。
2. 检查中心线、螺栓和孔道位置偏差时，应沿纵、横两个方向测量，并取其中偏差较大值。

外观检测质量应检验合格，且不应有影响结构安全、安装施工和使用要求的缺陷。尺寸允许偏差项目的合格率不应小于80%，允许偏差不得超过最大限值的1.5倍，且不应有影响结构安全、安装施工和使用要求的缺陷。

当在检查时发现有破损和裂缝时，要及时进行处理并做好记录。对于需修补的，可根据程度分别采用不低于混凝土设计强度的专用浆料、环氧树脂、专用防水浆料修补，成品缺陷修补如表1-4-9所示。

1-4 预制构件修补措施

表1-4-9 成品缺陷修补

| 项目 | 缺陷 | 处理方案 | 检验方法 |
|---|---|---|---|
| 破损 | （1）影响结构性能且延展恢复的破损 | 废弃 | 目测 |
| | （2）影响钢筋、连接件、预埋件锚固的破损 | 废弃 | 目测 |
| | （3）上述（1）、（2）以外，破损长度超过20mm的 | 修补 | 目测、卡尺测量 |
| | （4）上述（1）、（2）以外，破损长度20mm以下的 | 现场修补 | 目测、卡尺测量 |
| 裂缝 | （1）影响结构性能且不可恢复的裂缝 | 废弃 | 目测 |
| | （2）影响钢筋、连接件、预埋件锚固的裂缝 | 废弃 | 目测 |
| | （3）裂缝宽度大于0.3mm且裂缝长度超过300mm的 | 废弃 | 目测、卡尺测量 |
| | （4）上述（1）~（3）以外，裂缝宽度超过0.2mm的 | 修补 | 目测、卡尺测量 |

## 1.4.2 预制构件现场生产安全技术要求

（1）预制厂现场安全要求

① 新入场的工人必须经过三级安全教育，考核合格后，才能上岗；特种作业和特种设备作业人员必须经过专门的培训，考核合格并取得操作证后才能上岗。

② 须接受安全技术交底，并清楚其内容，施工中严格按照安全技术交底作业。

③ 按要求使用劳保用品：进入施工现场，必须戴好安全帽，扣好帽带。
④ 施工现场禁止穿拖鞋、高跟鞋和易滑、带钉的鞋，杜绝赤脚、赤膊作业。
⑤ 不准疲劳作业、带病作业和酒后作业。
⑥ 工作时要思想集中、坚守岗位、遵守劳动纪律，不准在现场随意乱窜。
⑦ 不准破坏现场的供电设施和消防设施，不准私拉乱接电线和私自动用明火。
⑧ 预制厂内应保持场地整洁，道路通畅，材料区、加工区、成品区布局合理，机具、材料、成品分类分区摆放整齐。
⑨ 进入施工现场必须遵守施工现场安全管理制度，严禁违章指挥，违章作业；做到"三不伤害"：不伤害自己，不伤害他人，不被他人伤害。

（2）预制构件加工安全要求

钢筋加工安全要求如下：
① 钢筋加工场地面平整，道路通畅，机具设备和电源布置合理。
② 采用机械进行除锈、调直、新料弯曲等加工时，机械传动装置要设防护罩，并由专人使用和保管。
③ 钢筋加工时按照钢筋加工机械安全操作规程作业。
④ 钢筋焊接人员需佩戴防护罩、鞋盖、手套和工作帽，防止眼伤和皮肤灼伤。电焊机的电源部分要有保护，避免操作不慎使钢筋和电源接触，发生触电事故。
⑤ 钢筋调直机要固定，手与飞轮要保持安全距离；调至钢筋末端时，要防止甩动和弹起伤人。
⑥ 钢筋切断机操作时，不准将两手分在刀片两侧俯身送料。不准切断直径超过机械规定的钢筋。
⑦ 钢筋弯曲机弯制钢筋时，工作台要安装牢固；被弯曲钢筋的直径不准超过弯曲机规定的允许值。弯曲钢筋的旋转半径内和机身没有设置固定锁的一侧，严禁站人。
⑧ 电机等设备要妥善进行保护接地或接零。各类钢筋加工机械使用前要严格检查，其电源线不要有破损、老化等现象，其自身附带的开关必须安装牢固，动作灵敏可靠。
⑨ 搬运钢筋时要注意附近有无人员、障碍物、架空电线和其他电器设备，防止碰人撞物或发生触电事故。

混凝土施工安全要求如下：
① 施工人员要严格遵守操作规程，混凝土布料机和振动台设备使用前要严格检查，其电源线不要有破损、老化等现象，其自身附带的开关必须安装牢固，动作灵敏可靠。电源插头、插座要完好无损。
② 工人必须懂得布料机和振动台的安全知识和使用方法，保养、作业后及时清洁设备。
③ 浇筑混凝土过程中，密切关注模板变化，出现异常时停止浇筑并及时处理。

（3）预制构件的厂内存放及运输安全要求
① 构件在移运过程中，应有工班长和安全员现场指挥。
② 装运构件时，要仔细检查吊车伸入位置、深度，做到安全、平稳。在移运多块构件时，块与块之间安放大小一致的混凝土垫块，保证平稳。
③ 构件在拆模后，要用吊车移运至养护区，养护完成后再集中移运至存放区。构件码放场地平整，码放高度符合要求。

（4）预制构件施工用电、消防安全要求

① 配电箱、开关箱必须有门、锁、防雨措施。配电箱内多路配电要有标记，必须坚持一机一闸用电，并采用两级漏电保护装置；配电箱、开关箱必须安装牢固，电动工具齐全完好，注意防潮。

② 电动工具使用前要严格检查，其电源线不要有破损、老化等现象，其自身附带的开关必须安装牢固，动作灵敏可靠。电源插头、插座要符合相应的国家标准。

③ 电动工具所带的软电缆或软线不允许随意拆除或接长；插头不能任意拆除、更换。当不能满足作业距离时，要采用移动式电箱解决，避免接长电缆带来的事故隐患。

④ 现场照明电线绝缘良好，不准随意拖拉。照明灯具的金属外壳必须接零，室外照明灯具距地面不低于3m。夜间施工灯光要充足，不准把灯具挂在竖起的钢筋上或其他金属构件上，确保符合安全用电要求。

⑤ 易燃场所要设警示牌，严禁将火种带入易燃区。消防器材要设置在明显和便于取用的地点，周围不准堆放物品和杂物。消防设施、器材应当由专人管理，负责检查、维修、保养、更换和添置，保证完好有效，严禁圈占、埋压和挪用。

⑥ 施工现场的焊割作业，必须符合防火要求。发现燃烧起火时，要注意判明起火的部位和燃烧的物质，保持镇定，迅速扑救，同时向领导报告和向消防队报警。

⑦ 扑救时要根据不同的起火物质，采用正确有效的灭火方法，如断开电源、撤离周围易燃易爆物质和贵重物品，根据现场情况，机动、灵活、正确地选择灭火用具等。

## 能力训练题

### 一、单选题

1. 建筑设计标准化的流程一般为（　　）。
 A. 装配式结构方案，钢筋表，构件库，深化与拆分，自动加工，自动出拆分图
 B. 钢筋表，装配式结构方案，深化与拆分，构件库，自动加工，自动出拆分图
 C. 构件库，装配式结构方案，深化与拆分，钢筋表，自动加工，自动出拆分图
 D. 构件库，钢筋表，深化与拆分，装配式结构方案，自动加工，自动出拆分图

2. 屋架的堆放方式除了有纵向堆放外，还可以（　　）。
 A. 横向堆放　　　B. 斜向堆放　　　C. 叠高堆放　　　D. 就位堆放

3. 常用的检查吊车梁吊装中心线偏差的方法不包括（　　）。
 A. 通线法　　　B. 平移轴线法　　　C. 边吊边校法　　　D. 仪器法

4. 抗弯承载力满足要求，所吊柱子较长，而选用起重机起重高度不足时，应采用（　　）。
 A. 直吊绑扎　　　B. 斜吊绑扎　　　C. 二点绑扎　　　D. 一点绑扎

5. 有关屋架的绑扎，说法错误的是（　　）。
 A. 绑扎点选在上弦节点处　　　　B. 绑扎点左右对称
 C. 吊索与水平线夹角小于45°　　D. 绑扎中心必须在屋架重心之上

6. 屋架的垂直度偏差值应小于（　　）mm。
 A. 屋架高度/100　B. 屋架高度/150　C. 屋架高度/200　D. 屋架高度/250

7. 特殊的如预制叠合楼板可采用叠放方式，层与层之间应垫平、垫实，各层支垫应上下对齐，最下面一层支垫应通长设置，叠放层数不应大于（　　）层。
 A. 3　　　　　　B. 4　　　　　　C. 5　　　　　　D. 6

8. 对于预制装配式衬砌，说法正确的是（    ）。
   A. 消耗大量劳动力              B. 拼装时需要临时支护
   C. 接缝少                      D. 防水较困难

9. 下列装配式混凝土建筑结构中，预制率水平最高的结构方式是（    ）。
   A. 竖向承重结构现浇，外围护墙、内隔墙、楼板、楼梯等采用预制件
   B. 部分竖向承重结构以及外围护墙、内隔墙、楼板、楼梯等采用预制构件
   C. 全部竖向承重结构、水平构件和非结构构件均采用预制构件
   D. 竖向承重结构现浇，外围护墙、内隔墙、楼板等部分采用预制构件

10. 下列装配式建筑构件中，属于非受力构件的是（    ）。
    A. 外挂板         B. 预制柱         C. 预制梁         D. 楼梯板

11. 基于一维构件的刚性连接的优点是（    ）。
    A. 节点性能较好，接头位于受力较小部分
    B. 能减少施工现场布筋、浇筑混凝土等工作
    C. 结构整体性较好，可做到等同现浇结构
    D. 生产、运输、堆放以及安装施工方便

12. 柔性连接的预制混凝土结构设计原则与现浇结构有很大的不同，符合（    ）的抗震设计思想。
    A. 小震不坏      B. 基于性能      C. 中震可修      D. 大震不倒

13. PC 构件之间的湿式连接传力途径描述正确的是（    ）。
    A. 拉力：后浇混凝土、灌浆材料或坐浆材料直接传递
    B. 剪力：结合面混凝土的黏结强度、键槽或粗糙面、钢筋的摩擦抗剪作用、消栓抗剪作用承担
    C. 弯矩：连接钢筋传递
    D. 压力：连接钢筋抗压及后浇混凝土、灌浆料或坐浆材料抗压

14. 新加坡达士岭组屋建筑单体采用（    ）系统，整栋建筑的预制装配率已达到 94%。
    A. 预制钢筋混凝土平板            B. 木结构
    C. 预制钢结构                    D. 预制新型材料结构

15. 建筑产业现代化主要有多种技术路径，其中（    ）是实现新型建筑工业化的主要方式和手段。
    A. 装配式钢结构                  B. 装配整体式混凝土结构
    C. 现代新型材料结构              D. 现代木结构

二、多选题

1. 下列属于预制墙板生产工艺的选项是（    ）。
   A. 台座法                        B. 平模机组流水法
   C. 平模传送流水法                D. 成组立模或成对立模法
   E. 以上均不符合题意

2. 《装配式混凝土结构技术规程》（JGJ 1—2014）的特点有（    ）。
   A. 针对中高层建筑，提出专门规定和要求
   B. 不片面强调全预制装配，提高结构性能/抗震性能
   C. 补充、强化建筑设计、加工制作、安装、工程验收

D. 包括主要装配式结构体系

3. 下列选项中属于"世构体系"优越性的是（　　）。
A. 梁、板现场施工均不需模板，周转材料总量节约可达 80% 以上
B. 梁、板构件均在工厂内事先生产，施工现场直接安装，既方便又快捷，主体结构工期可节约 30% 以上
C. 预制板采用预应力技术，楼板抗裂性能大大提高
D. 预制板尺寸不受模数的限制，可按设计要求随意分割，灵活性大，适用性强
E. 以上均不符合题意

4. "世构体系"在建筑领域的应用已相当成熟，"世构体系"的主要应用形式包括（　　）。
A. 采用预制钢筋混凝土柱，预制预应力混凝土叠合梁、叠合板的全装配框架结构
B. 采用现浇钢筋混凝土柱，预制预应力混凝土叠合梁、叠合板的半装配框架结构
C. 采用预制钢筋混凝土柱，现浇混凝土梁板的半装配框架结构
D. 采用预制预应力混凝土叠合板，适用于框架剪力墙、砖混等多种类型的结构
E. 以上均不符合题意

### 三、判断题（正确的后面写"Y"，错误的写"N"）

1. 西韦德双墙体系是先预制单侧墙板，吊运预制完成的单侧墙板搁置在 180° 的翻转台上翻转，将其倒扣在另一预制墙板上，要求此预制墙板的混凝土未凝固。（　　）

2. 制作预制楼板时，铺设好钢筋网片后，要进行桁架的放置，钢筋网片的钢筋有上下之分，桁架的方向宜于与上部钢筋的方向平行。（　　）

3. 剪力墙结构的装配特点是通过后浇混凝土连接梁、板、柱以形成整体，柱下口通过套筒灌浆连接。（　　）

4. 预制混凝土框架结构有两种连接方式：一、等同现浇结构（柔性连接），大部分节点位置采用现浇的柔性连接；二、不等同现浇结构（刚性连接），楼梯等部位采用刚性连接。（　　）

5. 多层剪力墙结构设计时，3 层以上设叠合楼板，3 层以下可使用全预制楼板。（　　）

6. 预制混凝土装配式构件的制作中，模具、钢筋骨架、钢筋网片、钢筋、预埋件加工不允许偏差。（　　）

7. 多层剪力墙结构体系对抗震的需求并不大，构造简单，施工方便，可在广大城镇地区多层住宅中推广使用。（　　）

# 模块 2

# 装配式混凝土建筑预制构件制作工艺

**知识目标**：熟悉预制构件的制作工艺，区分不同构件的制作工艺流程，掌握预制构件质量检验要求、生产管理知识。

**能力目标**：能够解读预制构件制作设备，能够区分不同构件的制作工艺流程，会根据不同情况对各种构件进行质量检查，能应用所学知识对预制构件生产进行科学管理。

**素质目标**：培养科学精神、工匠精神、爱国情怀。

## 📖 任务介绍

某地块定向安置房项目位于地块南侧至规划地块西一号路东、西及北侧；总用地面积 6691.2m²，拟建 4 栋 9~16 层装配式钢筋混凝土结构住宅：总建筑面积 31685.49m²，其中地上建筑面积 20055.49m²，地下建筑面积为 11630.00m²；绿地率 30%，容积率 3.0。

现已经进入预制构件制作阶段。

## 📄 任务分析

结合不同构件生产工艺流程，根据现场实际情况，确定预制构件设备及生产管理措施。

混凝土构件预制工艺是在工厂或工地预先加工制作建筑物或构筑物混凝土部件的工艺。采用预制混凝土构件进行装配化施工，具有节约劳动力、克服季节影响、便于常年施工等优点。推广使用预制混凝土构件，是实现建筑工业化的重要途径之一。

预制混凝土构件的品种是多样的：有用于工业建筑的柱子、基础梁、吊车梁、屋面梁、桁架、屋面板、天沟、天窗架、墙板、多层厂房的花篮梁和楼板等；有用于民用建筑的基桩、楼板、过梁、阳台、楼梯、内外墙板、框架梁柱、屋面檐口板、装修件等。目前有些工厂还可以生产整间房屋的盒子结构，其室内装修和卫生设备的安装均在工厂内完成，然后作为产品运到工地吊装。

在我国浙江、江苏等地，用先张法冷拔低碳钢丝生产的各种预应力混凝土板、梁类构件，由于重量轻、价格低，可以代替紧缺的木材，是具有中国特色的、有广阔发展前途的商品构件。

## 2.1 预制构件成型工艺

在经过制备、组装、清理并涂刷过隔离剂的模板内安装钢筋和预埋件后，即可进行构件的成型。成型工艺主要有以下几种。

（1）平模机组流水工艺

生产线一般建在厂房内，适合生产板类构件，如民用建筑的楼板、墙板、阳台板、楼梯段，工业建筑的屋面板等。在模内布筋后，用吊车将模板吊至指定工位，利用浇灌机往模内灌注混凝土，经振动梁（或振动台）振动成型后，再用吊车将模板连同成型好的构件送去养护。这种工艺的特点是主要机械设备相对固定，模板借助吊车的吊运，在移动过程中完成构件的成型。

（2）平模传送流水工艺

生产线一般建在厂房内，适合生产较大型的板类构件，如大楼板、内外墙板等。在生产线上，按工艺要求依次设置若干操作工位（见图2-1-1）。模板自身装有行走轮或借助辊道传送，不需吊车即可移动，在沿生产线行走过程中完成各道工序，然后将已成型的构件连同钢模送进养护窑。这种工艺机械化程度较高，生产效率也高，可连续循环作业，便于实现自动化生产。平模传送流水工艺有两种布局：一种是将养护窑建在和作业线平行的一侧，构成平面循环；另一种是将作业线设在养护窑的顶部，形成立体循环。

图 2-1-1　平模传送流水工艺

图 2-1-2　固定平模工艺

（3）固定平模工艺

固定平模工艺是指模板固定不动，在一个位置上完成构件成型的各道工序（见图2-1-

2)。较先进的生产线设置有各种机械如混凝土浇灌机、振捣器、抹面机等。这种工艺一般采用振动成型、热模养护。当构件达到起吊强度时脱模，也可借助专用机械使模板倾斜，然后用吊车将构件脱模。其工艺具有适用性好、管理简单、设备成本低等特点，但机械化程度低，消耗人工多。

（4）立模工艺

立模工艺是指模板垂直使用，并具有多种功能。模板是箱体，腔内可通入蒸汽，侧模装有振动设备（见图2-1-3）。从模板上方分层灌注混凝土后，即可分层振动成型。与平模工艺比较，可节约生产空间，提高生产效率，而且构件的两个表面同样平整，通常用于生产外形比较简单而又要求两面平整的构件，如内墙板、楼梯段等。其缺点是受制于构件形状，通用性差。

立模通常成组组合使用，称成组立模，可同时生产多块构件。每块立模板均装有行走轮，能以上悬或下行方式做水平移动，以满足拆模、清模、布筋、支模等工序的操作需要。

（5）长线台座工艺

长线台座工艺适用于露天生产厚度较小的构件和先张法预应力钢筋混凝土构件，如空心楼板、槽形板、T形板、双T板、工形板、小桩、小柱等。台座一般长100~180m，用混凝土或钢筋混凝土灌注而成。在台座上，传统的做法是按构件的种类和规格现支模板进行构件的单层或叠层生产，或采用快速脱模的方法生产较大的梁、柱类构件。20世纪70年代中期，长线台座工艺（见图2-1-4）发展了两种新设备——拉模和挤压机。辅助设备有张拉钢丝的卷扬机、龙门式起重机、混凝土输送车、混凝土切割机等。钢丝经张拉后，使用拉模在台座上生产空心楼板、桩、桁条等构件。拉模装配简易，可减轻工人劳动强度，并节约木材。拉模因无须昂贵的切割锯片，在中国已广泛采用。挤压机的类型很多，主要用于生产空心楼板、小梁、柱等构件。挤压机安放在预应力钢丝上，以每分钟1~2m的速度沿台座纵向行进，边滑行边灌注边振动加压，形成一条混凝土板带，然后按构件要求的长度切割成材。这种工艺具有投资少、设备简单、生产效率高等优点，已在我国部分省市采用。

图2-1-3 立模工艺

图2-1-4 长线台座工艺

（6）压力成型工艺

压力成型工艺是预制混凝土构件工艺的新发展，特点是不用振动成型，可以消除噪声。如荷兰、德国、美国采用的滚压法，混凝土用浇灌机灌入钢模后，用滚压机碾实，经过压缩的板材进入隧道窑内养护；又如英国采用大型滚压机生产墙板的压轧法等。

## 2.2 预制构件制作设备

混凝土预制构件主要制作设备通常包括生产线设备、辅助设备、起重设备、钢筋加工设备、混凝土搅拌设备、机修设备、其他设备7种。

### 2.2.1 生产线设备

主要包括：模台、清扫喷涂机、画线机、送料机、布料机、振动台、振捣刮平机、拉毛机、预养护窑、抹光机、立体养护窑等。各设备简介和常见参数介绍如下。

（1）模台

目前常见模台有碳钢模台和不锈钢模台两种。通常采用 Q345 材质钢板整板铺面，台面钢板厚度 10mm。

目前常用的模台尺寸为 9000mm×4000mm×310mm。

平整度：表面不平度在任意 300mm 长度内 ±1.5mm。

模台承载力：$p > 6.5\text{kN/m}^2$。

（2）清扫喷涂机

采用除尘器一体化设计，流量可控，喷嘴角度可调，具备雾化的功能，规格为 4110mm×1950mm×3500mm，喷洒宽度为 35mm，总功率为 4kW。

（3）画线机

主要用于在模台实现全自动画线。采用数控系统，具备 CAD 图形编程功能和线宽补偿功能，配备 USB 接口；按照设计图纸进行模板安装位置及预埋件安装位置定位画线，完成一个平台画线的时间小于 5min，规格为 9380mm×3880mm×300mm，总功率为 1kW。

（4）送料机

有效容积不小于 $2.5\text{m}^3$，运行速度 0～30m/min，速度变频控制可调，外部振捣器辅助下料。运行时输送料斗运行与布料机位置设置互锁保护；在自动运转的情况下与布料机实现联动；自动、手动、遥控操作方式；每个输送料斗均有防撞感应互锁装置，行走中有声光报警装置以及静止时锁紧装置。

（5）布料机

布料机沿上横梁轨道行走，装载的拌合物以螺旋式下料方式工作。

储料斗有效容积 $2.5\text{m}^3$，下料速度 0.5～$1.5\text{m}^3$/min（不同的坍落度要求）；在布料的过程中，下料口开闭数量可控；与输送料斗、振动台、模台运行等可实现联动互锁，具有安全互锁装置；纵横向行走速度及下料速度变频控制，可实现完全自动布料功能。

（6）振动台

模台液压锁紧；振捣时间小于 30s，振捣频率可调；模台升降、锁紧、振捣、模台移动、布料机行走具有安全互锁功能。

（7）振捣刮平机

上横梁轨道式纵向行走。升降系统采用电液推杆，可在任意位置停止并自锁；大车行进速度：0～30m/min，变频可调；刮平有效宽度与模台宽度相适应；激振力大小可调。

（8）拉毛机

适用于叠合楼板的混凝土表面处理；可实现升降，锁定位置。拉毛机有定位调整功能，通过调整可准确地下降到预设高度。

（9）预养护窑

预养护窑几何尺寸：模台上表面与窑顶内表面有效高度不小于600mm；窑体宽度：平台边缘与窑体侧面有效距离不小于500mm。

开关门机构：垂直升降、密封可靠，升降时间小于20s；温度自动检测监控，加热自动控制（干蒸）；开关门动作与模台行进的动作实现互锁保护。窑内温度均匀，温差＜3℃；设计最高温度不小于60℃。

（10）抹光机

抹头可升降调节，能准确地下降到预设高度并锁定；在作业中抹头在水平面内可实现二维方向的移动调节，在设定的范围内作业；抹平力和浮动叶片的角度可机械地调节。

（11）立体养护窑

每列之间内隔断保温，温、湿度单独可控；保温板芯部材料密度值不低于15kg/m³，并且防火阻燃，保温材料耐受温度低于80℃；温度、湿度自动检测监控；加热加湿自动控制；窑内平台确保定位锁紧，支撑轮悬臂防变形设计，支撑轮悬臂轴的长度不大于300mm；窑温均匀，温差＜3℃。

## 2.2.2 预制混凝土构件运转设备

预制混凝土构件生产转运设备主要有翻板机、平移车、堆码机等。

（1）翻板机

负荷不小于25t，翻板角度80°～85°；动作时间：翻起到位时间＜90s。

（2）平移车

负载不小于25t/台；平移车液压缸同步升降；两台平移车行进过程保持同步，伺服控制；平台在升降车上定位准确，具备限位功能；模台状态、位置与平移车位置、状态互锁保护；行走时，车头端部安装安全防护连锁装置。

（3）堆码机

地面轨道行走，模台升降采用卷扬式升降式结构，开门行程不小于1m；大车定位锁紧机构；升降架调整定位机构，升降架升降导向机构，负荷不小于30t；横向行走速度、提升速度均变频可调，可实现手动、自动化运行。在行进、升降、开关门、进出窑等动作时具备完整的安全互锁功能。在设备运行时设有声光报警装置，节拍时间＜15min（以运行距离最长的窑位为准）。

## 2.2.3 起重设备、小型器具及其他设备

生产过程中需要起重设备、小型器具及其他设备，主要生产设备如表2-2-1所示。

表 2-2-1 主要生产设备

| 工作内容 | 器具、工具 |
|---|---|
| 起重 | 5～10t 起重机、钢丝绳、吊索、吊装带、卡环、起驳器等 |
| 运输 | 构件运输车、平板运输车、叉车、装载机等 |
| 清理打磨 | 角磨机、刮刀、手提垃圾桶等 |
| 混凝土施工 | 插入式振捣器、平板振捣器、料斗、木抹、铁抹、铁锹、刮板、拉毛笤子、喷壶、温度计等 |
| 模板安装、拆卸 | 电焊机、空压机、电锤、电钻、各类扳手、橡胶锤、磁铁固定器、专用磁铁撬棍、铁锤、线绳、墨斗、滑石笔、画粉等 |

## 2.3 预制构件制作

预制构件制作前应进行深化设计，深化设计应包括以下内容：预制构件模板图、配筋图、预埋吊件及预埋件的细部构造图等；带饰面砖或面板构件的排砖图或排板图；复合保温墙构件承载力、构件变形及吊具、预埋吊件的承载力验算等。

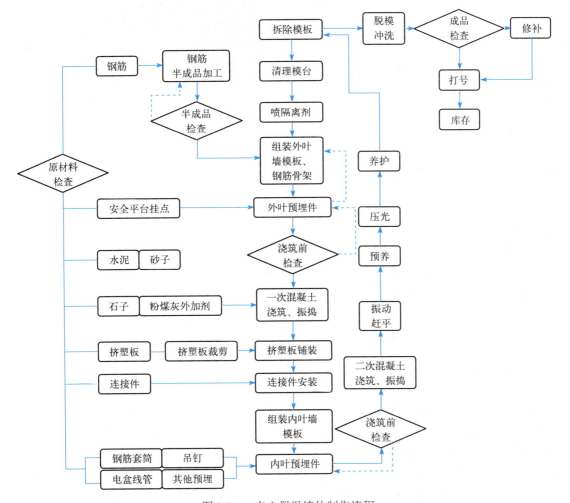

图 2-3-1 夹心保温墙体制作流程

设计变更须经原施工图设计单位审核批准后才能实施。构件制作方案应根据各种预制构件的制作特点进行编制。上道工序质量检测和检查结果不合格时，不得进行下道工序的生产。构件生产过程中应对原材料、半成品和成品等进行标识，并应对不合格品的标识、记录、评价、隔离和处置进行规范。

## 2.3.1 固定台模生产线预制构件制作流程

本书主要以预制夹心保温墙体为例讲解固定台模生产线进行预制构件制作的制作流程，夹心保温墙体制作流程如图 2-3-1 所示。

（1）模具拼装

模具除应满足强度、刚度和整体稳固性要求外，尚应满足预制构件预留孔、插筋、预埋吊件及其他预埋件的安装定位要求。夹心保温墙体模具组装如图 2-3-2 所示。

模具应安装牢固、尺寸精确、拼缝严密、不漏浆。模板组装就位时，首先要保证底模表面的平整度，以保证构件表面的平整度符合规定要求。模板与模板之间，模板与底模之间的连接螺栓必须齐全、拧紧，模板组装时应注意将销钉敲紧，以控制侧模定位精度。模板接缝处用原子灰嵌塞抹平后再用细砂纸打磨。精度必须符合设计要求，设计无要求时应符合表 2-3-1 的规定，并应经验收合格后再投入使用。

图 2-3-2 夹心保温墙体模具组装

表 2-3-1 模具拼装允许偏差及检验方法

| 测定部位 | 允许偏差 /mm | 检验方法 |
| --- | --- | --- |
| 边长 | ±2 | 钢尺四边测量 |
| 板厚 | ±1 | 钢尺测量 |
| 扭曲 | 2 | 四角用两根细线交叉固定，钢尺测中心点高度 |
| 翘曲 | 3 | 四角固定细线，钢尺测细线到钢模边距离，取最大值 |
| 表面凹凸 | 2 | 靠尺和塞尺检查 |
| 弯曲 | 2 | 四角用两根细线交叉固定，钢尺测细线到钢模距离 |
| 对角线误差 | 2 | 细线测两根对角线尺寸，取差值 |
| 预埋件 | ±2 | 钢尺检查 |

模具组装前应将钢膜和预埋件定位架等部位彻底清理干净，严禁使用锤子敲打。模具与混凝土接触的表面除饰面材料铺贴范围外，应均匀涂刷脱模剂。脱模剂可采用柴机油混合型，为避免污染墙面砖，模板表面刷一遍脱模剂后再用棉纱均匀擦拭两遍，形成均匀的薄层油膜，见亮不见油，注意尽量避开放置橡胶垫块处，该部位可先用胶带纸遮住。在选择脱模剂时尽量选择隔离效果较好，能确保构件在脱模起吊时不发生粘贴损坏现象，能保持板面整洁、易于清理，不影响墙面粉刷质量的脱模剂。

（2）饰面材料铺贴与涂装

面砖在入模至铺设前，应先将单块面砖根据构件排砖图的要求分块制成面砖套件。套件的尺寸应根据构件饰面砖的大小、图案、颜色取一个或若干个单元组成，每块套件的长度不宜大于 600mm，宽度不宜大于 300mm。

面砖套件应在定型的套件模具中制作。面砖套件的图案、排列、色泽和尺寸应符合设计要求。面砖铺贴时先在底模上弹出面砖缝中线，然后铺设面砖，为保证接缝间隙满足设计要求，根据面砖深化图进行排版。面砖定位后，在砖缝内采用胶条粘贴，保证砖缝满足排版图及设计要求。面砖套件的薄膜粘贴不得有折皱，不应伸出砖面，端头应平齐。嵌缝条和薄膜粘贴应采用专用工具沿接缝将嵌缝条压实。石材在入模铺设之前，应该核对石材尺寸，并提前 24h 在石材背面安装锚固拉钩和涂刷防泛碱处理剂。面砖套件、石材铺贴前应清理模具，并在模具上设置安装控制线，按控制线固定和校正铺贴位置，可采用双面胶带或硅胶预制加工图分类编号铺贴。面砖装饰面层铺贴如图 2-3-3 所示。

石材和砖面等饰面材料与混凝土的连接应牢固。石材等饰面材料与混凝土之间连接件的结构、数量、位置和防腐处理应符合设计要求。满粘法施工的石材和面砖等饰面材料与混凝土之间应无空鼓。

石材和面砖等饰面材料铺设后表面应平整，接缝应顺直，接缝的宽度和深度应符合设计要求。面砖、石材需要更换时，应采用专用修补材料，对嵌缝进行修正，使墙板嵌缝的外观质量一致。

图 2-3-3　面砖装饰面层铺贴

外墙板面砖、石材粘贴的允许偏差及检验方法应符合表 2-3-2 的规定。

表 2-3-2　外墙板面砖、石材粘贴允许偏差及检验方法

| 项次 | 项目 | 允许偏差/mm | 检验方法 |
| --- | --- | --- | --- |
| 1 | 表面平整度 | 2 | 2m 靠尺和塞尺检查 |
| 2 | 阳角方正 | 2 | 2m 靠尺检查 |
| 3 | 上口平直 | 2 | 拉线、钢直尺检查 |
| 4 | 接缝平直 | 3 | 钢直尺和塞尺检查 |
| 5 | 接缝深度 | 1 | |
| 6 | 接缝宽度 | 1 | 钢直尺检查 |

（3）保温材料铺设

带保温材料的预制构件宜采用平模工艺成型，生产时应先浇筑外叶混凝土层，再安装保温材料和连接件，最后成型内叶混凝土层，如图 2-3-4 所示。外叶混凝土层可采用平板振动器适当振捣。

铺放加气混凝土保温块时，表面要平整，缝隙要均匀，严禁用碎块填塞。在常温下铺放时，铺前要浇水

图 2-3-4　外叶混凝土层浇筑

润湿，低温时铺后要喷水，冬季可干铺。泡沫聚苯乙烯保温条，事先按设计尺寸裁剪。排放板缝部位的泡沫聚苯乙烯保温条时，入模固定位置要准确，拼缝要严密，操作要有专人负责。

当采用立模工艺生产时，应同步浇筑内外叶混凝土层，生产时应采取可靠措施保证内外叶混凝土厚度、保温材料及连接件的位置准确。保温材料的铺贴见图 2-3-5。

（4）预埋件及预埋孔设置

预埋钢结构件、连接用钢材、连接用机械式接头部件和预留孔洞模具的数量、规格、位置、安装方式等应符合设计要求规定，固定措施可靠。预埋件应固定在模板或支架上；预留孔洞应采用孔洞模具的方式并加以固定。预埋螺栓和铁件应采用固定措施保证其不偏移，对于套筒埋件应注意其定位。预埋件安装如图 2-3-6 所示。

图 2-3-5　保温材料铺贴

图 2-3-6　预埋件安装

预埋件、预留孔和预留洞安装位置的允许偏差及检验方法应符合表 2-3-3 的规定。

表 2-3-3　预埋件、预留孔和预留洞安装位置的允许偏差及检验方法

| 项目 | | 允许偏差/mm | 检验方法 |
|---|---|---|---|
| 预埋钢板 | 中心线位置 | 5 | 钢尺检查 |
| | 安装平整度 | 2 | 靠尺和塞尺检查 |
| 预埋管、预留孔中心线位置 | | 5 | 钢尺检查 |
| 插筋 | 中心线位置 | 5 | 钢尺检查 |
| | 外露长度 | ±8 | 钢材检查 |
| 预埋吊环 | 中心线位置 | 10 | 钢尺检查 |

（5）门窗框设置

门窗框在构件制作、驳运、堆放、安装过程中，应进行包裹或遮挡。预制构件的门窗框可在浇筑混凝土前预先放置于模具中，位置应符合设计要求，并应在模具上设置限位框或限位件进行可靠固定。门窗框的品种、规格、尺寸、相关物理性能和开启方向、型材壁厚和连接方式等应符合设计要求。安装后的窗框如图 2-3-7 所示。门窗框安装位置应逐件检查，其允许偏差及检验方法应符合表 2-3-4 的规定。

图 2-3-7 安装后的窗框

表 2-3-4 门框和窗框安装允许偏差及检验方法

| 项目 | | 允许偏差 /mm | 检验方法 |
| --- | --- | --- | --- |
| 锚固脚片 | 中心线位置 | 5 | 钢尺检查 |
| 外露长度 | | ±5,0 | 钢尺检查 |
| 门窗框位置 | | ±1.5 | 钢尺检查 |
| 门窗框高、宽 | | ±1.5 | 钢尺检查 |
| 门窗框对角线 | | ±1.5 | 钢尺检查 |
| 门窗框的平整度 | | 1.5 | 靠尺检查 |

（6）混凝土浇筑

在混凝土浇筑成型前应进行预制构件的隐蔽工程验收，符合有关标准规定和设计文件要求后方可浇筑混凝土。检查项目应包括下列内容：模具各部位尺寸、可靠定位、拼缝等；饰面材料铺设品种、质量；纵向受力钢筋的品种、规格、数量、位置等；钢筋的连接方式、接头位置、接头数量、接头面积百分率等；箍筋、横向钢筋的品种、规格、数量、间距等；预埋件及门窗框的规格、数量、位置等；灌浆套筒、吊具、插筋及预留孔洞的规格、数量、位置等；混凝土浇筑前的检查，见图 2-3-8。

混凝土放料高度小于 500mm，并均匀铺设，混凝土成型宜采用插入式振动棒振捣，逐排振捣密实，振动器不应碰触钢筋骨架、面砖和预埋件，见图 2-3-9。

图 2-3-8 混凝土浇筑前检查

图 2-3-9 混凝土浇筑、振捣

混凝土浇筑应连续进行,同时应观察模具、门窗框、预埋件等的变形和位移,变形与位移超出表2-3-1~表2-3-4规定的允许偏差时应及时采取补强和纠正措施。面层混凝土采用平板振动器振捣,振捣后,随即用1:3水泥砂浆找平,并用木尺刮平,待表面收水后再用木抹抹平压实。

配件、埋件、门框和窗框处混凝土应浇捣密实,其外露部分应有防污损措施。混凝土表面应及时用泥板抹平提浆,宜对混凝土表面进行二次抹面。预制构件与后浇混凝土的结合面或叠合面应按设计要求制成粗糙面,粗糙面可采用拉毛或凿毛处理方法,也可采用化学和其他物理处理方法。预制构件混凝土浇筑完毕后应及时养护。

(7)构件养护

预制构件的成型和养护宜在车间内进行,成型后蒸养可在生产模位上或养护窑内进行。预制构件采用自然养护时,应符合现行国家标准《混凝土结构工程施工规范》(GB 50666)、《混凝土结构工程施工质量验收规范》(GB 50204)的规定。

预制构件采用蒸汽养护时,宜采用自动蒸汽养护装置,并保证蒸汽管道通畅,养护区应无积水。蒸汽养护制度应分静停、升温、恒温和降温四个阶段,并应符合下列规定:混凝土全部浇捣后静停时间不宜少于2h,升温速度不得大于15℃/h,恒温时最高温度不宜超过55℃,恒温时间不宜少于3h,降温速度不宜大于10℃/h。

(8)构件脱模

预制构件停止蒸汽养护后,预制构件表面与环境温度的温差不宜高于20℃。应根据模具结构的特点按照拆模顺序拆除模具,严禁使用振动模具方式拆模。

预制构件脱模起吊如图2-3-10所示,应符合下列规定:预制构件的起吊应在构件与模具间的连接部分完全拆除后进行。预制构件脱模时,同条件混凝土立方体抗压强度应根据设计要求或生产条件确定,且不应小于$15N/mm^2$,预应力混凝土构件脱模时,同条件混凝土立方体抗压强度不宜小于混凝土强度等级设计值的75%,预制构件吊点设置应满足平稳起吊的要求,宜设置4~6个吊点。

预制构件脱模后应对预制构件进行修整,如图2-3-11所示,并应符合下列规定:在构件生产区域旁应设置专门的混凝土构件整修区域,对刚脱模的构件进行清理、质量检查和修补;对于各种类型的混凝土外观缺陷,构件生产单位应制定相应的修补方案,并配有相应的修补材料和工具;预制构件应在修补合格后再驳运至合格品堆放场地。

图2-3-10 预制构件脱模起吊

图2-3-11 预制构件修整

（9）构件标识

构件应在脱模起吊至整修堆场或平台时进行标识，标识的内容应包括工程名称、产品名称、型号、编号、生产日期，构件待检查、修补合格后再标注合格章及工厂名。

标识可标注于工厂和施工方安装时容易辨识的位置，可由构件生产厂和施工单位协商确定。标识的颜色和文字大小、顺序应统一，宜采用喷涂或印章方式制作标识。

## 2.3.2 自动化流水线预制构件制作流程

以双面叠层墙板为例讲解自动化流水线进行预制构件制作的流程。双面叠层墙板制作工艺流程如下。

（1）制作工艺流程

双面叠层墙板制作工艺流程如图 2-3-12 所示。

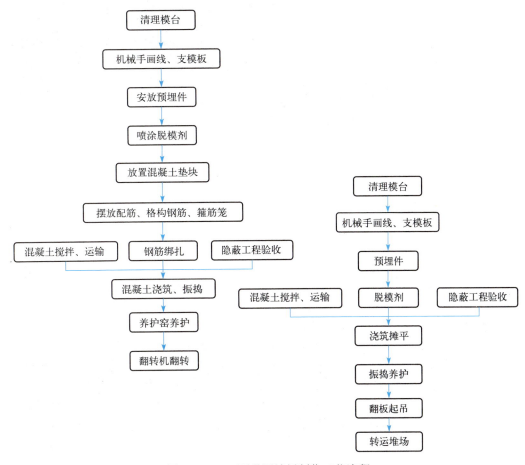

图 2-3-12 双面叠层墙板制作工艺流程

（2）流水线介绍

叠合楼板、叠合墙板等板式构件一般采用平整度很好的大平台钢模自动化流水作业的方式来生产，如同其他工业产品流水线一样，工人固定岗位、固定工序、流水线式地生产构件，人员数量需求少，主要靠机械设备的使用，效率大大提高。其主要流水作业环节为：①自动清扫机清扫钢模台；②电脑自动控制放线；③钢平台上放置侧模及相关预埋件，如线盒、套管等；④脱模剂喷洒机喷洒脱模剂；⑤钢筋自动调直切割，格构钢筋切割；⑥工人操作放置钢筋及格构钢筋，绑扎；⑦混凝土分配机浇注，平台振捣（若为叠合墙板，此处多一道翻转工艺）；⑧立体式养护室养护；⑨成品吊装堆垛。

（3）主要生产工序

用过的钢模板通过清洁机器，板面上留下的残留物被处理干净，同时由专人检查板面清洁，如图 2-3-13 所示。

全自动绘图仪收到主控电脑的数据后在清洁的钢模板上自动绘出预制件的轮廓及预埋件的位置，如图 2-3-14 所示。

图 2-3-13　清扫钢模板

图 2-3-14　自动画线

支完模板的钢模板将运行到下一个工位，刷油机在钢模板上均匀地喷洒一层脱模剂，如图 2-3-15 所示。

在喷有脱模剂的钢模板上，按照生产详图放置带有塑料垫块的支撑钢筋及所涉及的预埋件，机械手开始支模，如图 2-3-16 所示。

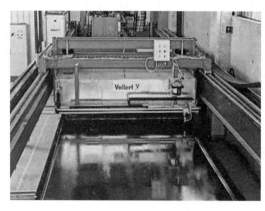

图 2-3-15　喷洒脱模剂

图 2-3-16　机械手支模

钢筋切割机根据计算机生产数据切割钢筋并按照设计的间距在钢模板上准确的位置摆放纵向受力钢筋、横向受力钢筋及钢筋桁架，如图 2-3-17 所示。

工人按照生产量清单输入搅拌混凝土的用量指令，混凝土搅拌设备从料场自动以传送带按混凝土等级要求和配比提取定量的水泥、砂、石子及外加剂进行搅拌，并用斗车将搅拌好的混凝土输送到钢模上方的浇筑分配机，混凝土播料机如图 2-3-18 所示。

图 2-3-17 钢筋绑扎

图 2-3-18 混凝土播料机

## 2.4 预制叠合板制作工艺流程

预制叠合板的制作工艺流程如图 2-4-1 所示。主要步骤包括模台清理、模具组装、涂刷隔离剂、钢筋骨架绑扎安装、预埋件安装、浇筑混凝土、混凝土抹面、养护、拆模、脱模和翻转起吊几大步骤。

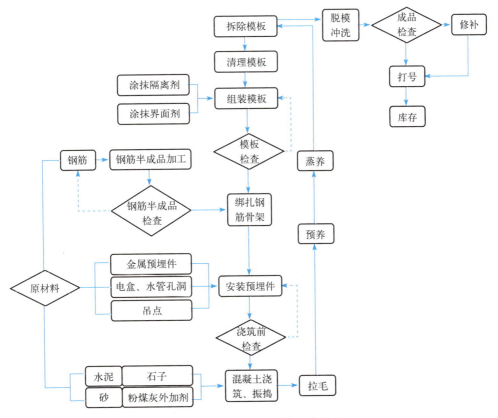

图 2-4-1 预制叠合板制作工艺流程

(1) 模台清理

检查固定模台的稳固性能和水平高差，确保模台牢固和水平。对模台表面进行清理后，采用手动抹光机进行打磨，确保无任何锈迹。模具清理和组模将钢模清理干净，无残留混凝土和砂浆，如图 2-4-2 所示。

图 2-4-2　叠合板底模台清洗

(2) 模具组装

在吊机配合下，人工辅助进行模板侧模和端模拼装，用紧固螺栓将其固定，保证模具侧模的拼装尺寸及垂直度。组模时尺寸偏差不得超出规范要求。

(3) 涂刷隔离剂

在将成型钢筋吊装入模之前涂刷模板和模台隔离剂，严禁涂刷到钢筋上。过多流淌的隔离剂，必须用抹布或海绵吸附清理干净。

(4) 钢筋骨架绑扎安装

绑扎钢筋骨架前应仔细核对钢筋料尺寸，绑扎制作完成后钢筋骨架禁止再次割断。检查合格后，将钢筋网骨架吊放入模具，按梅花状布置好保护层叠块，调整好钢筋位置，如图 2-4-3 所示。

(5) 预埋件安装

根据构件加工图，依次安装各类预埋件，并固定牢固。严禁预埋件的漏放和错放。在浇筑混凝土之前，检查所有固定装置是否有损坏、变形现象。

(6) 浇筑混凝土

浇筑前检查混凝土坍落度是否符合要求。浇筑时避开预埋件及预埋件工装。车间内混凝土的运输采用悬挂式输送料斗和叉车运送混凝土布料斗的运输方式（见图 2-4-4）。在现场布置固定模台预制时，可采用泵车输送，或吊车吊运布料斗浇筑混凝土。振捣方式采用振捣棒或振动平台振捣，振捣至混凝土表面不再下沉、无明显气泡溢出为止。

(7) 混凝土抹面

振捣密实后，使用木抹抹平，保证混凝土表面无裂纹、无气泡、无杂质等，如图 2-4-5 所示。

(8) 养护

根据季节、施工工期、场地不同，叠合板可采用覆盖薄膜自然养护、封闭蒸汽养护等方式。蒸汽养护器具可采用拱形棚架、拉链式棚架，如图 2-4-6 所示。

图 2-4-3　叠合板钢筋绑扎

图 2-4-4　自动布料机混凝土浇筑

图 2-4-5　混凝土抹面

（9）拆模、脱模、翻转起吊

拆模之前，根据同条件试块的抗压试验结果确定是否拆模。待构件强度达到 20MPa 以上，可进行拆模。先将可以提前解除锁定的预埋件工装拆除，解除螺栓紧固，再依次拆除端模、侧模。

可以借助撬棍拆解，但不得用铁锤锤击模板，防止造成模板变形。

拆模后，再次清理打磨模板，备下次使用。暂时不用时，可涂防锈油，分类码放，以备下次使用。

模板拆除后将构件吊装翻转，如图 2-4-7 所示。

图 2-4-6　叠合板养护

图 2-4-7　叠合板起吊

## 2.5 预制框架柱制作工艺流程

预制框架柱的制作工艺流程如图 2-5-1 所示。主要步骤包括绑扎钢筋、管线等预埋、清理模板、刷脱模剂、安装模板、钢筋入模、混凝土浇筑养护、拆模、继续养护几大步骤。

图 2-5-1　预制框架柱制作工艺流程

（1）入笼前准备工作

柱模板调整清理、刷脱模剂：根据柱的尺寸调节柱底横梁高度、侧模位置、配好柱底模板尺寸、封好橡胶条；由人工对柱线钢模板进行清理、刷脱模剂，确保柱线模板光滑、平整。

钢筋骨架绑扎：根据每一根柱的型号、编号、配筋状况进行钢筋骨架绑扎，在每两节柱中间另配 8 根 φ14 斜向钢筋作为保证柱在运输及施工阶段的承载力及刚度，同时焊接于柱主筋上；另根据图纸预埋状况，在柱钢筋骨架绑扎过程中针对柱不同方向及时进行预埋，如临时支撑预留埋件等。

柱间模板采用易固定、易施工、易脱模的拼装组合模板加橡胶衬面组成，连接件采用套管。

（2）柱间模板、连接件、插筋固定

柱间模板、连接件、插筋制作完毕后，分别安放于柱钢筋骨架中相应位置，进行支撑固定，确保其在施工过程中不变形、不移位。柱间模板外口用顶撑固定，并在柱间模板里口点焊住定位箍筋。连接件、插筋在柱里部分用电焊焊接于主筋上，外口固定于特制定型钢模上；吊装入模后通过螺栓与整体钢模板相连固定。

（3）调整固定柱模板、校正钢筋笼

柱钢筋骨架入模后，通过柱模上调节杆，分别对柱模尺寸进行定位校正，对柱间模板、钢筋插筋、钢管连接件进行重新校正、固定，核查其长度、位置、大小等。同时对柱插筋、预留钢筋的方向进行核查，预留好吊装孔。

（4）浇筑混凝土、盖篷布、蒸汽养护同预制梁

（5）拆模清理、标识、转运堆放

混凝土强度达到起吊强度后，即可进行拆模，松开紧固螺栓，拆除端部模板，即时起吊出模、编号、标明图示方向。而后拆除柱间模板进行局部修理，按柱出厂先后顺序，进行码

放，不得超过3层。

## 2.6 预制框架梁制作工艺流程

预制框架梁的制作工艺流程如图2-6-1所示。主要步骤包括绑扎钢筋、管线等预埋、安装模板、清理模板、刷脱模剂、钢筋入模、混凝土浇筑养护、拆模、继续养护几大步骤。

图2-6-1 预制框架梁制作工艺流程

（1）入笼前准备工作

模板清理、刷脱模剂：控制液压操作杆，打开梁线模板，由人工对梁线钢模板进行清理、刷脱模剂，确保梁线模板光滑、平整。

钢筋笼绑扎：根据梁线排版表，针对每一个梁的型号、编号、配筋状况进行钢筋笼绑扎，梁上口另配2根φ12作为临时架立筋，同时增配几根φ8圆钢（$L$=500～700mm）起斜向固定钢筋笼作用，并点焊加固，以防止钢筋笼在穿拉过程中变形。另根据图纸预埋状况，在梁钢筋骨架绑扎过程中进行预埋，如临时支撑预留埋件等。

（2）穿钢筋笼、梁端模板

按梁线排版方案中的钢筋根数，进行钢筋断料穿放；按梁线排版顺序从后至前穿钢筋笼，每条钢筋笼按：挡头钢模板→梁端木模板→钢筋笼→梁端木模板→挡头钢模板顺序进行穿笼。

（3）合模、整理钢筋笼

钢筋笼全部穿好就位后，操作液压杆合起梁模板，并上好销与紧固螺杆进行固定。对已变形的钢筋笼进行调整，同时固定预留缺口模板。

（4）调整、固定梁端模板，校正钢筋笼

再次调整安装中变形的钢筋笼，以及走位的模板；对梁长进行重新校正，并固定。

（5）混凝土

预制梁的混凝土采用C40（中碎石子）早强混凝土，由后台搅拌，混凝土的坍落度控制在6～8cm，通过运输车、桁车直接吊送于梁模中。采用人工，使用振动棒振捣混凝土。

（6）盖篷布、蒸汽养护

混凝土浇筑完毕后覆盖篷布，即通蒸汽进行养护。

由于梁截面较大，防止混凝土温度应力差过大，梁混凝土浇筑时不须进行预热，直接从常温开始升温，即混凝土浇筑结束后，直接控制温控阀按钮使之处于升温状态，每小时均匀升温20℃，一直升到80℃后通过梁线模板中的温度感应器触发温控器来控制蒸汽的打开与关闭。在预制梁强度达到起模强度（为75%混凝土设计强度）后，停止供气。让梁缓慢降温，避免梁因温度突变而产生裂缝。

（7）拆模、表面凿毛

混凝土达到强度后，卷起篷布，拆除加固用的模板支撑。梁从模板起吊后即可拆除钢挡板、键槽模板以及临时架立筋。对预留在外的箍筋进行局部调整；分别对键槽里口、预留缺口混凝土表面进行凿毛处理，以增加与后浇混凝土的黏结力。

（8）清理、标识、转运堆放

根据梁线排版表，对照预制梁分别进行编号、标识，及时进行转运堆放，堆放时要求搁置点上下垂直，统一位于吊钩处，梁堆放不得超过三层，同时对梁端进行清理。

## 2.7 预制楼梯制作工艺流程

预制楼梯的制作工艺流程如图 2-7-1 所示。主要步骤包括绑扎钢筋、吊点预埋、清理模板、刷脱模剂、安装模板、钢筋入模、混凝土浇筑养护、拆模、继续养护几大步骤。

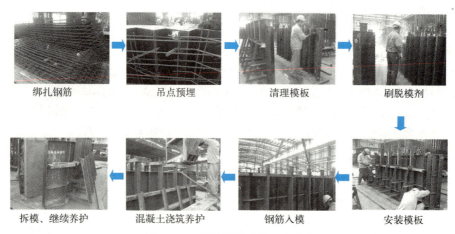

图 2-7-1　预制楼梯制作工艺流程

（1）清理模板、刷脱模剂

根据楼梯的尺寸调高度、侧模位置，配好底模板尺寸，封好橡胶条；由人工对钢模板进行清理、刷脱模剂，确保模板光滑、平整。

（2）钢筋骨架绑扎

根据型号、编号、配筋状况进行钢筋骨架绑扎。

安装预埋件：根据图纸要求安装好对应的预埋件，需要穿筋加强的预埋件都按要求穿好钢筋。

（3）组装模具

模具尺寸偏差应控制在 5mm 以内，每个模具固定螺栓都必须上牢。

（4）混凝土浇筑

混凝土采用（中碎石子）早强混凝土，由后台搅拌，混凝土的坍落度控制在 6～8cm，通过运输车、桁车直接吊送于模中。人工使用振动棒振捣混凝土。

（5）标识、转运堆放

混凝土强度达到起吊强度后，即可松开紧固螺栓，拆除端部模板，即时起吊出模、编号、标明图示方向。按要求，堆放楼梯一般不超过 4 层。

## 2.8 混凝土预制构件质量检验

预制混凝土结构构件包括构件厂内的单体产品生产和工地现场装配两个大的环节，构件单体的材料、尺寸误差以及装配后的连接质量、尺寸偏差等在很大程度上决定了实际结构能否实现设计意图，因此预制构件质量控制问题尤为重要。

2-1 预制构件质量问题产生原因

### 2.8.1 模具尺寸检查

模具组装前的尺寸应符合表 2-8-1、表 2-8-2 的偏差要求。

表 2-8-1 模具尺寸允许偏差及检验方法

| 项次 | 检验项目及内容 | | 允许偏差/mm | 检验方法 |
|---|---|---|---|---|
| 1 | 长度 | ≤6m | 1，-2 | 用钢尺平行构件高度方向，取其中偏差绝对值较大处 |
| | | >6m 且≤12m | 2，-4 | |
| | | >12m | 3，-5 | |
| 2 | 截面尺寸 | 墙板 | 1，-2 | 用钢尺测量两端或中部，取其中偏差绝对值较大处 |
| 3 | | 其他构件 | 2，-4 | |
| 4 | 对角线差 | | 3 | 用钢尺量纵横两个方向的对角线 |
| 5 | 侧向弯曲 | | $L/500$ 且≤5 | 拉线，用钢尺量侧向弯曲最大处 |
| 6 | 翘曲 | | $L/500$ | 对角拉线测量交点间距离值的 2 倍 |
| 7 | 底模表面平整度 | | 2 | 用 2m 靠尺和塞尺量 |
| 8 | 组装缝隙 | | 1 | 用塞片或塞尺量 |
| 9 | 端模和侧模高低差 | | 1 | 用钢尺量 |

注：$L$ 为模具与混凝土接触面中最长边的尺寸。

表 2-8-2 模具组装尺寸允许偏差及检验方法

| 项次 | 测定部位 | 允许偏差/mm | 检验方法 |
|---|---|---|---|
| 1 | 边长 | ±2 | 钢尺四边测量 |
| 2 | 对角线误差 | 3 | 细线测量两根对角线尺寸，取差值 |
| 3 | 底模平整度 | 2 | 对角用细线固定，钢尺测量细线到底模各点距离的差值，取最大值 |
| 4 | 侧模高度 | 2 | 钢尺两边测量取平均值 |
| 5 | 表面凹凸 | 2 | 靠尺和塞尺检查 |
| 6 | 扭曲 | 2 | 对角用细线固定，钢尺测量中心点高度差值 |

续表

| 项次 | 测定部位 | | 允许偏差/mm | 检验方法 |
|---|---|---|---|---|
| 7 | 翘曲 | | 2 | 四角细线固定,钢尺测量细线到钢模板边距离,取最大值 |
| 8 | 弯曲 | | 2 | 四角细线固定,钢尺测量细线到钢模顶距离,取最大值 |
| 9 | 侧向扭曲 | $H \leqslant 300mm$ | 1.0 | 侧模两对角线细线固定,钢尺测量中心点高度 |
| | | $H > 300mm$ | 2.0 | |

注:$H$ 为边模模具高度。

## 2.8.2 预埋件、预留洞口质量检查

(1) 预埋件检查

预埋件的材料、品种应按照构件制作图要求进行制作,并准确定位。各种预埋件进场前要求供应商出具合格证和质保单,并对产品外观、尺寸、强度、防火性能、耐高温性能等进行检验。

(2) 预埋件制作及安装

预埋件制作及安装一定要严格按照设计给出的尺寸要求制作,制作安装后必须对所有预埋件的尺寸进行验收。预埋件加工允许偏差及检验方法见表2-8-3,模具预留孔洞中心位置的允许偏差及检验方法见表2-8-4。

表 2-8-3 预埋件加工允许偏差及检验方法

| 项次 | 检查项目及内容 | | 允许偏差/mm | 检验方法 |
|---|---|---|---|---|
| 1 | 预埋钢板的边长 | | 0,-5 | 用钢尺量 |
| 2 | 预埋钢板的平整度 | | 1 | 用直尺和塞尺量 |
| 3 | 锚筋 | 长度 | 10,-5 | 用钢尺量 |
| | | 间距偏差 | ±10 | 用钢尺量 |

表 2-8-4 模具预留孔洞中心位置的允许偏差及检验方法

| 项次 | 检验项目及内容 | 允许偏差/mm | 检验方法 |
|---|---|---|---|
| 1 | 预埋件、插筋、吊环、预留孔洞中线位置 | 3 | 用钢尺量 |
| 2 | 预埋螺栓、螺母中心线位置 | 2 | 用钢尺量 |
| 3 | 灌浆套筒中心线位置 | 1 | 用钢尺量 |

注:检查中心线位置时,应沿纵、横两个方向测量,并取其中较大值。

(3) 连接套筒、连接件、预埋件、预留孔洞检验

固定在模板上的连接套筒、连接件、预埋件、预留孔洞位置的允许偏差及检验方法应按表2-8-5的规定进行检测。

表 2-8-5 固定在模板上的连接套筒、连接件、预埋件、预留孔洞位置的允许偏差及检验方法

| 检查项目 | 项目 | 允许偏差/mm | 检验方法 |
|---|---|---|---|
| 钢筋连接套筒 | 中心线位置 | ±3 | 钢尺检查 |
| | 安装垂直度 | 1/40 | 拉水平线、竖直线测量两端差值且满足连接套筒施工设计误差要求 |
| | 套筒内部注入、排出口的堵塞 | | 目视 |

续表

| 检查项目 | 项目 | 允许偏差/mm | 检验方法 |
|---|---|---|---|
| 预埋件（插筋、螺栓、吊具） | 中心线位置 | ±5 | 钢尺检查 |
| | 外露长度 | ±5～0 | 钢尺检查且满足连接套筒施工误差要求 |
| | 安装垂直度 | 1/40 | 拉水平线、竖直线测量两端差值且满足施工误差要求 |
| 连接件 | 中心线位置 | ±3 | 钢尺检查 |
| | 安装垂直度 | 1/40 | 拉水平线、竖直线测量两端差值且满足连接套筒施工误差要求 |
| 预留孔洞 | 中心线位置 | ±5 | 钢尺检查 |
| | 尺寸 | +8，0 | 钢尺检查 |
| 其他需要先安装的部件 | 安装状况：种类、数量、位置、固定状况 | | 与构件制作图对照与目视 |

### 2.8.3 钢筋及接头的质量检查

（1）钢筋原材料检查

钢筋应无有害的表面缺陷，按盘卷交货的钢筋应将头尾有害缺陷部分切除。铸皮、表面不平整或氧化铁皮不作为拒收的理由。

直条钢筋的弯曲度不得影响正常使用。每米弯曲度不得大于4mm，总弯曲度不大于钢筋总长度的0.4%。钢筋的端部应平齐，不影响连接器的通过。

钢筋表面不得有横向裂纹、结疤和折痕，允许有不影响钢筋力学性能和连接的其他缺陷。

弯芯直径弯曲180°后，钢筋受弯曲部位表面不得产生裂纹。

（2）钢筋加工成型后检查

钢筋下料必须严格按照设计及下料单要求制作，制作过程中应当定期、定量检查。对于不符合设计要求及超过允许偏差的一律不得绑扎，按废料处理。钢筋绑扎的允许偏差及检验方法见表2-8-6。

表2-8-6 钢筋绑扎的允许偏差及检验方法

| 项目 | | | 允许偏差/mm | 检验方法 |
|---|---|---|---|---|
| 绑扎钢筋网 | 长、宽 | | ±10 | 钢尺检查 |
| | 网眼尺寸 | | +20 | 钢尺连续三挡，取最大值 |
| 绑扎钢筋骨架 | 长 | | ±10 | 钢尺检查 |
| | 宽、高 | | ±5 | 钢尺检查 |
| 受力钢筋 | 间距 | | ±10 | 钢尺量两端、中间各一点，取最大值 |
| | 排距 | | ±5 | |
| | 保护层厚度（含箍筋） | 基础 | ±10 | 钢尺检查 |
| | | 柱、梁 | ±5 | 钢尺检查 |
| | | 板、墙、壳 | ±3 | 钢尺检查 |
| 绑扎箍筋、横向钢筋间距 | | | ±20 | 钢尺连续量三挡，取最大值 |
| 钢筋弯起点位置 | | | 20 | 钢尺检查 |
| 预埋件 | 中心线位置 | | 5 | 钢尺检查 |
| | 水平高度 | | 3，0 | 钢尺检查 |
| 纵向受力钢筋 | 锚固长度 | | -20 | 钢尺检查 |

注：1. 检查预埋件中心线位置时，应沿纵、横两个方向量测，并取起重的最大值。
2. 表中梁类、板类构件上部纵向受力钢筋保护层厚度的合格点率应达到90%以上，且不得有超过表中数值1.5倍的尺寸偏差。

纵向钢筋（带灌浆套筒）及需要套螺纹的钢筋，不得使用切断机下料，必须保证钢筋两端平整，套螺纹长度、螺纹距及角度必须严格按照图纸设计要求。纵向钢筋及梁底部纵筋（直螺纹筒连接）套螺纹应符合规范要求，套丝机应当指定专业且有经验的工人操作。质检人员不定期进行抽检。

（3）钢筋丝头加工质量检查

钢筋丝头加工质量检查的内容如下：

① 钢筋端平头：平头的目的是让钢筋端面与母材轴线方向垂直，采用砂轮切割机或其他专用切断设备，严禁气焊切割。

② 钢筋螺纹加工：使用钢筋滚压直螺纹机将待连接钢筋的端头加工成螺纹。加工丝头时，应采用水溶性切削液，当气温低于 0℃时，应掺入 15%～20% 亚硝酸钠。严禁用机油作切削液或不加切削液加工丝头。

丝头加工长度为标准型套筒长度的 1/2，其公差为 +2p（$p$ 为螺距）。

③ 丝头质量检验：操作工人应该按要求检查丝头的加工质量，每加工 10 个丝头用通止规检查一次。

经自检合格的丝头，应通知质检员随机抽样进行检验，以一个工作班内生产的丝头为一个验收批次，随机抽检 10%，且不得少于 10 个，并填写钢筋丝头检验记录表。当合格率小于 95% 时，应加倍抽检，复检合格率仍小于 95% 时，应对全部钢筋丝头逐个进行检验，切去不合格丝头，查明原因并解决后重新加工螺纹。

（4）钢筋绑扎质量检查

绑扎过程中，对于尺寸、弯折角度不符合设计要求的钢筋不得绑扎。开处可不留保护层，钢筋绑扎的允许偏差及检验方法见表 2-8-6。

## 2.8.4 混凝土浇筑前质量检查

混凝土浇筑前应逐项对模具、钢筋、钢筋骨架、钢筋网片、连接套筒、拉接件、预埋件、吊具、预留孔洞、混凝土保护层厚度等进行检查验收并填写自检表，混凝土浇筑前的质量检查详见表 2-8-7。

表 2-8-7 混凝土浇筑前质量检查

| 序号 | 检查内容 | 检查标准 /mm | 实测数据 | 自检判定 |
| --- | --- | --- | --- | --- |
| 1 | 保温板拼装缝 | 0～3 | | |
| 2 | 合模尺寸 | ±2 | | |
| 3 | 模具对角线 | ±3 | | |
| 4 | 侧模垂直度 | 1（直角尺测量） | | |
| 5 | 连接件位置 | ±10 | | |
| 6 | 连接件安装深度 | 0～2 | | |
| 7 | 连接件完整程度 | 不允许任何损坏 | | |
| 8 | 连接件安装垂直度 | 1/40 | | |
| 9 | 连接件安装数量 | 不允许任何损坏 | | |
| 10 | 钢筋笼长度尺寸 | +10 | | |

## 2.8.5 预制构件装饰装修材料质量检查

（1）预制构件门窗框检查

当带门窗框、预埋管线的预制构件为在制作、浇筑混凝土前预先放置好的，固定时要采取防止污染门窗框表面的保护措施，避免框体与混凝土直接接触产生电化学腐蚀，门窗框安装位置允许偏差及检验方法具体要求见表2-8-8。

表 2-8-8 门窗框安装位置允许偏差及检验方法

| 项目 | 允许偏差/mm | 检验方法 |
| --- | --- | --- |
| 门窗框定位 | ±1.5 | 钢尺检查 |
| 门窗框对角线 | ±1.5 | 钢尺检查 |
| 门窗框水平度 | ±1.5 | 钢尺检查 |

注：当采用计数检查时，除有专门要求外，合格点率应达到80%及以上，且不得有严重缺陷，可评定为合格。

（2）外装饰面砖检查

部分项目需要带装饰面层的预制构件，常规采用水平浇筑一次成型反打工艺，构件外装饰允许偏差及检验方法见表2-8-9，生产检查时应注意：外装饰面砖的图案、分隔、色彩、尺寸需和设计要求一致，必要时可做大样图。

面砖铺贴前先进行模具清理，按照外装饰敷设图的编号分类摆设。面砖敷设前要按照图纸控制尺寸和标高在模具上设置标记，并按照标记固定和校正面砖。面砖敷设后表面要平整，接缝应顺直，接缝的宽度和深度应符合设计要求。

表 2-8-9 构件外装饰允许偏差及检验方法

| 外装饰种类 | 项目 | 允许偏差/mm | 检验方法 |
| --- | --- | --- | --- |
| 通用 | 表面平整度 | 2 | 2m靠尺或塞尺检查 |
| 石材和面砖 | 阳角方正 | 2 | 用托线板检查 |
| | 上口平直 | 2 | 拉通线用钢尺检查 |
| | 接缝平直 | 3 | 用钢尺或塞尺检查 |
| | 接缝深度 | ±5 | 用钢尺或塞尺检查 |
| | 接缝宽度 | ±2 | 用钢尺检查 |

注：当采用计数检验时，除有专门要求外，合格点率应达到80%及以上，且不得有严重缺陷，可评定为合格。

## 2.8.6 构件外观质量检验

预制构件的外观质量不应有严重缺陷，且不宜有一般缺陷。对已经出现的一般缺陷，应当按技术方案进行处理，并应进行重新检验。预制构件有粗糙面时，与粗糙面有关的尺寸允许偏差可适当进行放松。

当在检查时发现有表面破损和裂缝时，要及时进行处理并做好记录。对于需修补的，可根据程度分别采用不低于混凝土设计强度的专用浆料、环氧树脂、专用防水浆料对成品缺陷进行修补。

对预制构件的外观检测，主要检查是否存在露筋、蜂窝、孔洞、夹渣、疏松、裂缝及连接部位缺陷、外形缺陷、外表缺陷，并根据其对构件结构性能和使用功能的影响程度来划分一般缺陷或严重缺陷，见表2-8-10。

表 2-8-10 构件外观质量

| 名称 | 现象 | 严重缺陷 | 一般缺陷 |
|---|---|---|---|
| 露筋 | 构件内钢筋未被混凝土包裹而外露 | 主筋有露筋 | 其他钢筋有少量露筋 |
| 蜂窝 | 混凝土表面缺少水泥砂浆面形成石子外露 | 主筋部位和搁置点位置有蜂窝 | 其他部位有少量蜂窝 |
| 孔洞 | 混凝土中孔穴深度和长度均超过保护层厚度 | 构件主要受力部位有孔洞 | 不应有孔洞 |
| 夹渣 | 混凝土中夹有杂物且深度超过保护层厚度 | 构件主要受力部位有夹渣 | 其他部位有少量夹渣 |
| 疏松 | 混凝土中局部不密实 | 构件主要受力部位有疏松 | 其他部位有少量疏松 |
| 裂缝 | 缝隙从混凝土表面延伸至混凝土内部 | 构件主要受力部位有影响结构性能或使用功能的裂缝 | 其他部位有少量不影响结构性能或使用功能的裂缝 |
| 连接部位缺陷 | 构件连接处混凝土缺陷及连接钢筋、连接件松动,灌浆套筒未保护 | 连接部位有影响结构传力性能的缺陷 | 连接部位有基本不影响结构传力性能的缺陷 |
| 外形缺陷 | 内表面缺棱掉角、棱角不直、翘曲不平等 | 清水混凝土构件有影响使用功能或装饰效果的外形缺陷 | 其他混凝土构件有不影响使用功能的外形缺陷 |
| 外形缺陷 | 外表面面砖黏结不牢、位置偏差、面砖嵌缝没有达到横平竖直、面砖表面翘曲 | 清水混凝土构件有影响使用功能或装饰效果的外形缺陷 | 其他混凝土构件有不影响使用功能的外形缺陷 |
| 外表缺陷 | 构件内表面麻面、掉皮、起砂、沾污等,外表面面砖污染,预埋、门窗被破坏 | 具有重要装饰效果的清水混凝土构件、门窗框有外表缺陷 | 其他混凝土构件有不影响使用功能的外表缺陷,门窗框不宜有外表缺陷 |

外观检测质量应检验合格,且不应有影响结构安全、安装施工和使用要求的缺陷。尺寸允许偏差项目的合格率不应小于80%,允许偏差不得超过最大限值的1.5倍,且不应有影响结构安全、安装施工和使用要求的缺陷。

### 2.8.7 构件尺寸检验

以预制墙板为例,对预制构件的尺寸检测,主要检测包括墙体高度、宽度、厚度、对角线差、弯曲、内外表面平整度等。可采用激光测距仪、钢尺对墙板的高、宽、洞口尺寸等进行测量。预制墙板构件的尺寸允许偏差及检验方法见表 2-8-11 的规定。

表 2-8-11 预制墙板构件尺寸允许偏差及检验方法

| 项目 | | 允许偏差/mm | 检验方法 |
|---|---|---|---|
| 外墙板 | 高度 | ±3 | 钢尺检查 |
| | 宽度 | ±3 | 钢尺检查 |
| | 厚度 | ±3 | 钢尺检查 |
| | 对角线差 | 5 | 钢尺量两个对角线 |
| | 弯曲 | $L/10$ 且 $< 20$ | 拉线、钢尺量最大侧向弯曲处 |
| | 内表面平整度 | 4 | 2m 靠尺和塞尺检查 |
| | 外表面平整度 | 3 | 2m 靠尺和塞尺检查 |

注:$L$ 为构件长边的长度。

## 2.9 预制构件生产管理

### 2.9.1 生产质量管理

构件厂生产的预制构件与传统现浇施工完成的构件相比，具有作业条件好、不受季节和天气影响、作业人员相对稳定、机械化作业降低工人劳动强度等优势，因此构件质量更容易保证。传统现浇施工的构件尺寸误差为 5~20mm，预制的构件误差可以控制在 1~5mm，并且表面观感质量较好，能够节省大量的抹灰找平材料，减少原材料的浪费和减少工序。预制构件作为一种工厂生产的半成品，质量要求非常高，没有返工的机会，一旦发生质量问题，可能比传统现浇造成的经济损失更大。可以说预制构件生产是"看起来容易，要做好很难"的一个行业，由传统建筑业转行进入预制构件生产领域，在技术、质量、管理等方面需要应对诸多挑战。如果技术先进、管理到位，生产出的预制构件质量好、价格低；而技术落后、管理松散，生产出的预制构件质量差、价格高，也存在个别预制构件的质量低于现浇方式的现象。

影响预制构件质量的因素很多，总体上来说，要想预制构件质量过硬，首先要端正思想、转变观念，坚决摒弃"低价中标、以包代管"的传统思路，建立起"优质优价、奖优罚劣"的制度和精细化管理的工程总承包模式；其次应该尊重科学和市场规律，彻底改变传统建筑业中落后的管理方式方法，对内、对外都建立起"诚信为本、质量为王"的理念。

（1）人员素质对构件质量的影响

在大力推进装配式建筑的进程中，管理人员、技术人员和产业工人的缺乏是非常重要的制约因素，甚至成为装配式建筑推进过程中的瓶颈问题。这不但会影响预制构件的质量，还对生产效率、构件成本等方面产生了较大的影响。

预制构件厂属于"实业型"企业，需要有大额的固定资产投资，为了满足生产要求，需要大量的场地、厂房和工艺设备投入，硬件条件要求远高于传统现浇施工方式。同时还要拥有相对稳定熟练的产业工人队伍，各工序和操作环节之间相互配合才能达成默契，减少各种错漏碰缺的发生，以保证生产的连续性和质量的稳定性，只有经过人才和技术的沉淀，才能不断提升预制构件的质量和经济效益。

产品质量是技术不断积累的结果，质量一流的预制构件厂，一定拥有一流的技术和管理人才，从系统性角度进行分析，为了保证预制构件的质量稳定，首当其冲的是人才队伍的相对稳定。

（2）生产装备和材料对预制构件质量的影响

预制构件作为组成建筑的主要半成品，质量和精度要求远高于传统现浇施工，高精度的构件需要优良的模具和设备来制造，同时需要保证原材料和各种特殊配件的质量优良，这是保证构件质量的前提条件。离开这些基本条件，即使是再有经验的技术人员和管理人员以及一线工人，也难以生产出优质的构件，甚至出现产品达不到质量标准的情况。从目前多数预制构件厂的建设过程来看，无论是设备、模具还是材料的采购，低价中标仍是主要的中标件，逼迫供应商压价竞争也还是普遍现象，在这种情况下，难以买到好的材料和产品，也很难做出高品质的预制构件。

模具的好坏影响着构件质量，判断预制构件模具好坏的标准包括：精度好、刚度大、重量轻、方便拆装以及售后服务好。但在实际采购过程中，往往考虑成本因素，采用最低价中标，用最差最笨重的模具与设计合理、质量优良的模具进行价格比较，最终选用廉价的模具，造成生产效率低、构件质量差等一系列问题，还存在拖欠供应商的货款导致服务跟不上等问题。

"原材料质量决定构件质量"的道理很浅显，原材料不合格肯定会造成产品质量缺陷，但在原材料采购环节，有一些企业缺乏经验，简单地进行价格比较，不能有效把控质量。一些承重和受力的配件如果存在质量缺陷，将有可能导致在起吊运输环节产生安全问题；或者砂石原材料质量差，出问题后代价会很大，这些问题的出现并不是签订一个严格的合同条款、把责任简单地转嫁给供应商就可以解决的，其问题的源头就是采购方追求低价，是"以包代管"思想作祟的结果。

（3）技术和管理对预制构件质量的影响

在预制构件的生产过程中，与传统现浇施工相比，需要掌握新技术、新材料、新产品、新工艺，进行生产工艺研究，并对工人进行必要的培训，还需协调外部力量参与生产质量管理，可以聘请外部专家和邀请供应商技术人员讲解相关知识，提高技术认识。

预制构件作为装配式建筑的半成品，一旦存在无法修复的质量缺陷，基本上没有返工的机会，构件的质量好坏对于后续的安装施工影响很大，构件质量不合格会产生连锁反应，因此生产管理显得尤为重要。生产管理方面可采取以下措施：

① 应建立起质量管理制度，如 ISO 9000 系列的认证、企业的质量管理标准等，并严格落实到位、监督执行，在具体操作过程中，针对不同的订单产品，应根据构件生产特点制定相应的质量控制要点，明确每个操作岗位的质量检查程序、检查方法，并对工序之间的交接进行质量检查，以保证制度的合理性和可操作性。

② 应指定专职的质量检查员，根据质量管理制度进行落实和监督，以防止质量管理流于形式，重点对原材料质量和性能、混凝土配合比、模具组合精度、钢筋及预埋件位置、养护温度和时间、脱模强度等内容进行监督把控，检查各项质量检查记录。

③ 应对所有的技术人员、管理人员、操作工人进行质量管理培训，明确每个岗位的质量责任，在生产过程中严格执行交接检查，有下道工序对上道工序的质量进行检查验收，形成全员参与质量管理的氛围。

要做好预制构件的质量管理，并不是简单地靠个别质检员的检查，而是要将"品质为王"的质量意识植入到每一个员工心里，让每一个人主动地按照技术和质量标准做好每一项工作，可以说好的构件质量是"做"出来的，而不是"管"出来的，是大家共同努力的结果。

（4）工艺方法对预制构件质量的影响

制作预制构件的工艺方法有很多，同样的预制构件在不同的预制构件厂可能会采用不同的生产制作方法，不同的工艺做法可能导致不同的质量水平，生产效率也大相径庭。

以预制外墙为例，多数预制构件厂是采用卧式反打生产工艺，也就是室外一侧贴着模板，室内一侧采用人工抹平的工艺方法，制作构件外侧平整光滑，但是内侧的预埋件很多就会影响生产效率，例如预埋螺栓、插座盒、套筒灌浆孔等会影响抹面操作，导致观感质量下降；如果采用正打工艺把室内一侧朝下，用磁性固定装置把内侧预埋件吸附在模台上，室外一侧基本没有预埋件，抹面找平时就很容易操作，甚至可以采用抹平机，这样做出来的构件内外两侧都会很平整，并且生产效率高。

预制构件厂应该配备相应的工艺工程师，对各种构件的生产方法进行研究和优化，为生产配备相应的设施和工具，简化工序，降低人工的劳动强度。总体来说，越简单的操作质量越有保证，越复杂的技术越难以掌握，质量越难保证。

### 2.9.2 生产安全管理

预制构件生产企业应建立健全安全生产组织机构、管理制度、设备安全操作规程和岗位操作规范。

从事预制构件生产设备操作的人员应取得相应的岗位证书。特殊工种作业人员必须经安全技术理论和操作技能考核合格，并取得建筑施工特殊作业人员操作资格证书，应接受预制构件生产企业规定的上岗培训，并应在培训合格以后再上岗。预制构件制作厂区操作人员应配备合格劳动防护用品。

预制墙板用保温材料、砂石等进场后，应存放在专门的场地，保温材料堆放场地应有防火防水措施。易燃、易爆物品应避免接触火种，单独存放在指定场所，并应进行防火、防盗管理。

吊运预制构件时，构件下方严禁站人。施工人员应待吊物降落至距离地面1m以内再靠近吊物。预制构件应在就位固定后再进行脱钩。用叉车、行车卸载时，非相关人员应与车辆、构件保持安全距离。

特种设备应在检查合格后再投入使用。沉淀池等临空位置应设置明显标志，并应进行围挡。车间应进行分区，并设立安全通道。原材料进出通道、调运路线、流水线运转方向内严禁人员随意走动。

### 2.9.3 生产环境保护

预制构件生产企业在生产构件时，应严格按照操作规程进行，遵守国家的安全生产法规和环境保护法令，自觉保护劳动者生命安全，保护自然生态环境，具体做好以下几点：

① 在混凝土和构件生产区域采用收尘、除尘等方式系统控制扬尘。
② 通过修补区、道路和堆场除尘等方式系统控制扬尘。
③ 针对混凝土废浆水、废混凝土和构件的回收利用措施。
④ 设置废弃物临时放置点，并应指定专人负责废弃物的分类、放置及管理工作。废弃物清运必须由合法的单位进行。有毒有害废弃物应利用密闭容器装存并及时处置。
⑤ 生产装备宜选用噪声小的装备，并应在混凝土生产、浇筑过程中采取降低噪声的措施。

### 能力训练题

**一、单选题**

1. 在已制作好的模具内加工预制混凝土墙板，下列选项中不属于其生产工序的是（　　）。
   A. 清理模板　　　B. 安装预制构件　　　C. 模内布筋　　　D. 养护
2. 墙板分为内墙板和外墙板两大类，下面选项中属于外墙板并属于自承重墙板的是（　　）。
   A. 山墙板　　　B. 横墙板　　　C. 隔墙板　　　D. 正面外墙板
3. 在PC工法中柱筋采用（　　）方式进行连接。
   A. 焊接　　　B. 浆锚套筒　　　C. 绑扎连接　　　D. 机械连接

4. NPC 体系采用预制钢筋混凝土柱、墙，预制钢筋混凝土叠合梁、板，通过预埋件、预留插孔灌浆、钢筋混凝土后浇部分等将梁、板、柱及节点连成整体，形成整体结构体系，预制装配率达到（　　）。

　　A. 0.6　　　　　　B. 0.75　　　　　　C. 0.9　　　　　　D. 1.0

5. 不属于框架结构基于三维构件刚性连接的优点的是（　　）。

　　A. 减少施工现场布筋

　　B. 浇筑混凝土等工作，接头数量较少

　　C. 重量大，不便于生产、运输、堆放以及安装施工

　　D. 施工现场作业效率提高

6. 现浇剪力墙配外挂板体系，主要包括预制（叠合）板、预制（叠合）梁、预制外墙、预制楼梯等构件，但其核心是（　　）。

　　A. 现浇剪力墙体系　　　　　　　　B. 全预制装配整体式剪力墙

　　C. 浆锚搭接连接的预制剪力墙　　　D. 底部预留后浇区的预制剪力墙

7. 叠合剪力墙体系沿厚度方向分为三层，主要是（　　）。

　　A. 外层现浇，中间层预制　　　　　B. 外层预制，中间层现浇

　　C. 中间层预制，内层现浇　　　　　D. 中间层现浇，内层预制

8. 在框架-剪力墙结构体系中，工业化程度较高且施工速度较快的是（　　）。

　　A. 装配式剪力墙-装配式框架结构　　B. 现浇剪力墙-装配式框架结构

　　C. 全预制装配整体式剪力墙　　　　D. 现浇剪力墙配外挂板体系

9. 对于叠合板来说，浇筑完混凝土之后，应该在（　　）对混凝土表面做粗糙面。

　　A. 刚浇筑完混凝土时　　　　　　　B. 混凝土初凝前

　　C. 混凝土初凝后　　　　　　　　　D. 混凝土终凝后

10. 在调节的过程中，应当确保外墙板侧面中线以及板面垂直度的校准，在这一过程中要控制好总线的位置，进行上下位置的调整时，应以（　　）进行调整。

　　A. 横缝　　　　B. 竖缝　　　　C. 平面　　　　D. 竖直面

11. 梁吊装前应将所有梁（　　）标高进行统计，有交叉部分梁吊装方案的，根据先低后高的顺序进行施工。

　　A. 中部　　　　B. 顶部　　　　C. 底部　　　　D. B 和 C

12. 2016 年起，国家决定大力发展装配式建筑，推动产业结构调整升级，上海政府规定单体预制装配率不低于（　　）。

　　A. 40%　　　　B. 30%　　　　C. 50%　　　　D. 45%

## 二、多选题

1. 关于预制混凝土装配式构件的制作和运输，说法正确的是（　　）。

　　A. 制定加工制作方案、质量控制标准

　　B. 保温材料需要定位及保护

　　C. 必须进行加工详图设计

　　D. 模具、钢筋骨架、钢筋网片、钢筋、预埋件加工不允许偏差

2. 下列选项中属于钢筋骨架安装应该满足的要求的是（　　）。

　　A. 钢筋锚固长度得到保证

　　B. 悬挑部分钢筋位置正确

C. 钢筋骨架应该选用正确，表面无浮锈和污染物
D. 使用适当材质的垫块，确保钢筋保护层厚度符合要求
E. 以上均不符合题意

3. 下列选项中符合预制构件模具的安装应该满足的要求是（　　）。
A. 模具上的预埋件和预留孔的位置应该准确并安装牢靠，不能遗漏
B. 模具验收完成后，模台和模具面应该均匀涂抹脱模剂，模具夹角处不能遗漏，钢筋和预埋件可以适当地沾有脱模剂
C. 脱模剂应选用质量稳定、适于喷涂、脱模效果好的脱模剂
D. 模具安装就位后，接缝及连接部位应有接缝密封措施，不得漏浆
E. 以上均不符合题意

### 三、判断题（正确的后面写"Y"，错误的写"N"）

1. 装配式建筑是指尽可能在工厂生产加工和现场组装建设的工业化建筑。建造方式采用系统化设计、模块化拆分、工厂制造、现场装配。（　　）

2. 装配式剪力墙结构工业化程度高，无梁柱外露，房间空间完整；整体性好，承载力强，刚度小，侧向位移大，抗震性能很好，在高层建筑中应用广泛。（　　）

3. 装配式混凝土构件生产通常分为流水线式生产和固定模台式生产两种。（　　）

4. 在PC工法中，预制构件的生产、运输吊装是极其重要的一环，预制构件生产完成后，运送到施工现场可直接进行吊装，不需要在施工现场设置PC构件堆放场地。（　　）

5. 《装配式混凝土结构技术规程》（JGJ 1—2014）的适用范围：非抗震设计、6～8度抗震设计的民用建筑，甲类建筑。（　　）

6. 外挂墙板均为非承重板，其设计重点是作用和作用效应及连接设计，预估地震作用下不得脱落。（　　）

# 模块 3

# 装配式混凝土建筑施工

**知识目标**：熟悉预制构件吊装设备，解读不同构件的施工操作流程及施工要点，掌握不同预制构件成品保护的要求。

**能力目标**：能够选择预制构件吊装设备，能对不同构件施工操作流程及施工要点采用不同的方法，能根据不同构件选择不同的保护方法。

**素质目标**：培养绿色环保、文明安全、责任担当、规范标准意识。

## 📖 任务介绍

某地块定向安置房项目位于地块南侧至规划地块西一号路东、西及北侧；总用地面积 6691.2m²，拟建 4 栋 9～16 层装配式钢筋混凝土结构住宅：总建筑面积 31685.49m²，其中地上建筑面积 20055.49m²，地下建筑面积为 11630.00m²；绿地率 30%，容积率 3.0。

现已经进入预制构件施工阶段。

3-0 素质拓展 4

## 📋 任务分析

结合不同构件安装施工特点，根据现场实际情况，确定预制构件施工方案，满足操作和施工要点，以及成品保护。

装配式混凝土建筑施工，是指利用起重机械设备，将预先加工预制好的钢筋混凝土构件，按照设计要求组装成完整的建筑结构或构筑物的过程。

在装配式施工中，如何合理选择适用的起重机械设备，降低构件加工、安装的难度，提高构件安装的质量，缩短安装时间，提高装配式建筑的整体性等成为影响建筑工程产业化发展的主要因素。

本模块主要围绕装配式吊装设备、装配式吊装施工、装配式节点接合施工等方面，阐述装配式结构吊装施工过程。

## 3.1 装配式结构吊装设备

3-1 平面布置（吊装设备、运输路线、现场堆放）

预制构件吊装所用的机械和工具主要是吊装索具和起重设备。吊装索具种类繁多，常用的起重设备有塔式起重机、履带式起重机、汽车式起重机等。

### 3.1.1 吊装索具

（1）吊钩

吊钩按制造方法可分为锻造吊钩和片式吊钩。在建筑工程施工中，通常采用锻造吊钩，它由优质低碳镇静钢或低碳合金钢锻造而成，锻造吊钩又可分为单钩和双钩，如图3-1-1（a）、（b）所示。单钩一般用于小的起重量，双钩多用于较大的起重量。单钩吊钩形式多样，建筑工程中常选用有保险装置的旋转钩，如图3-1-1（c）所示。

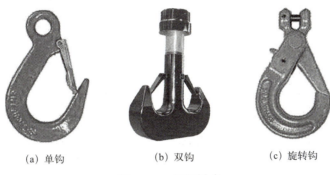

(a) 单钩　　　　　　(b) 双钩　　　　　　(c) 旋转钩

图 3-1-1　吊钩样式

（2）横吊梁

横吊梁俗称铁扁担、扁担梁，常用于梁、柱、墙板、叠合板等构件的吊装。用横吊梁吊运构件时，可以防止因起吊受力对构件造成的破坏，便于构件更好地安装、校正。常用的横吊梁有框架吊梁、单根吊梁，如图3-1-2和图3-1-3所示。

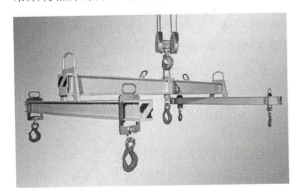

图 3-1-2　框架吊梁

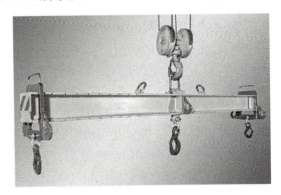

图 3-1-3　单根吊梁

（3）铁链

用来起吊轻型构件，它是拉紧揽风绳及拉紧捆绑构件的绳索。目前，国内部分起重设备行程精度可采用铁链进行构件的精确就位。

（4）吊装带

目前使用的常规吊装带（合成纤维吊装带），一般采用高强度聚酯长丝制作。根据外观分为：环形穿芯、环形扁平、双眼扁平三类，吊装能力在1～300t。

（5）卡环

卡环是用于吊索之间或吊索与构件吊环之间的连接，由弯环与销两部分组成，卡环如图3-1-4所示。按环形形式分，有D形卡环和弓形卡环；按销与弯环的连接形式分，有螺栓式卡环和活络式卡环，螺栓式卡环使用较多，但在柱子吊装中多采用活络式卡环。

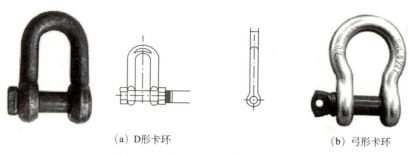

(a) D形卡环　　　　　　　　　(b) 弓形卡环

图 3-1-4　卡环

（6）新型索具（接驳器）

近些年出现了几种新型的专门用于连接新型吊点（原型吊钉、鱼尾吊钉、螺纹吊钉）的连接吊钩，或者用于快速接驳传统吊钩，它们具有接驳快速、使用安全等特点。国外生产厂家以德国哈芬、芬兰佩克为代表，国内的生产厂家以深圳营造为代表。

## 3.1.2　吊装起重设备

### 3.1.2.1　汽车式起重机

（1）汽车式起重机的类型

汽车式起重机是将起重机构安装在普通载重汽车或专用汽车底盘上的起重机。汽车式起重机的机动性能好，运行速度快，对路面的破坏性小，但不能负荷行驶，吊重物时必须支腿，对工作场地的要求较高，如图3-1-5所示。

汽车式起重机按起重大小分为轻型、中型和重型三种。起重量在20t以内的为轻型，起重量在50t及以上的为重型；按起重臂形式分为桁架臂和箱形两种；按传力装置形式分为机械传动（Q）、电力传动（QD）、液压传动（QY）。目前，液压传动的汽车式起重机应用较广，如图3-1-6所示。

（2）汽车式起重机的使用要点

① 应遵守操作规程及交通规则，作业场地应坚实平整。

② 作业前，应伸出全部支腿，并在撑脚下垫上合适的方木。调整机体，使回转支撑面的倾斜度在无荷载时不大于1/1000（水准泡居中）。支腿有定位销的应插上。底盘为弹性悬挂的起重机，伸出支腿前应收紧稳定器。

③ 作业中严禁扳动支腿操纵阀，调整支腿应在无荷载时进行。

④ 起重臂伸缩时，应按规定程序进行，当限制器发出警报时，应停止伸臂；起重臂伸出后，当前节臂杆的长度大于伸出长度时，应调整正常后，方可作业。

图 3-1-5　汽车式起重机

图 3-1-6　液压传动的汽车式起重机

⑤ 作业时，汽车驾驶室内不得有人，发生起重机倾斜、不稳等异常情况时，应立即采取措施。

⑥ 起吊重物达到额定起重量 90% 以上时，严禁同时进行两种及以上的动作。

⑦ 作业后，收回全部起重臂，收回支腿、挂钩吊钩，撑牢车架尾部两撑杆并锁定。销牢锁式制动器，以防旋转。

⑧ 行驶时，底盘走台上严禁载人或物。

#### 3.1.2.2 履带式起重机

（1）履带式起重机的类型

履带式起重机是在行走的履带底盘上装有起重装置的起重机械，主要由动力装置、传动装置、行走机构、工作机械、起重滑车组、变幅滑车组及平衡重等组成。它具有起重能力较大、自行式、全回转、工作稳定性好、操作灵活、使用方便、在其工作范围内可荷载行驶作业、对施工场地要求不严等特点。它是结构安装工程中常用的起重机械，如图 3-1-7 所示。

履带式起重机按传动方式不同可分为：机械式、液压式（Y）和电动式（D）三种。

（2）履带式起重机的使用要点

① 驾驶员应熟悉履带式起重机的技术性能，启动前应按规定进行各项检查和保养。启动后应检查各仪表指示值及运转是否正常。

图 3-1-7　履带式起重机

② 履带式起重机必须在平坦坚实的地面上作业，当起吊荷载达到额定重量约 90% 及以上时，工作动作应慢速进行，并禁止同时进行两种及以上动作。

③ 应按规定的起重性能作业，严禁超载作业，如确需要超载时，应进行验算并采取可靠措施。

④ 作业时，起重臂的最大仰角不应超过规定，无资料可查时，不得超过 78%，最低不得小于 45%。

⑤ 采用双机抬吊作业时，两台起重机的性能应相近；抬吊时统一指挥，动作协调，互相配合，起重机的吊钩滑轮组均应保持垂直。抬吊时单机的起重荷载不得超过允许荷载值的 80%。

⑥ 起重机带载行走时，荷载不得超过允许起重量的 70%。

⑦ 负载行走时，道路应坚实平整，起重臂与履带平行，重物离地不能大于 500mm，并拴好拉绳，缓慢行驶，严禁长距离带载行驶，上下坡道时，应无载行驶。上坡时，应将起重臂仰角适当放小；下坡时应将起重臂的仰角适当放大，严禁下坡空挡滑行。

⑧ 作业后，吊钩应提升至接近顶端处，起重臂降至 40°～60°，关闭电门，各操纵杆置于空挡位置，各制动器加保险固定，操纵室和机棚应关闭门窗并加锁。

⑨ 遇大风、大雪、大雨时应停止作业，并将起重臂转至顺风方向。

（3）履带式起重机的验算

履带式起重机在进行超负载吊装或接长吊杆时，需进行稳定性验算，以保证起重机在吊装中不会发生倾覆事故。履带式起重机在车身与行驶方向垂直时，处于最不利的工作状态，稳定性最差，如图 3-1-8 所示，此时履带的轨链中心 $A$ 为倾覆中心，起重机的安全条件为：当仅考虑吊装荷载时，稳定性安全系数 $K_0 = M_稳/M_倾 = 1.4$；当考虑吊装荷载及附加荷载时，稳定性安全系数 $K_2 = M_稳/M_倾 = 1.15$。

当起重机的起重高度或起重半径不足时，可将起重臂接长，接长后的稳定性计算，可近似地按力矩等量换算原则求起重臂接臂后的允许起重量（见图 3-1-9），则接长起重臂后，当吊装荷载不超过 $Q'_l$ 时，即可满足稳定性的要求。

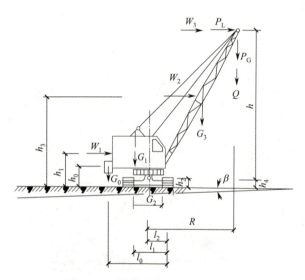

图 3-1-8 履带式起重机稳定性验算

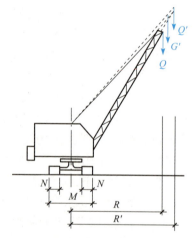

图 3-1-9 用力矩等量转换原则求起重臂接臂后的允许起重量

$h$—所吊构件位于最低位置时其重心至起重杆顶端距离，m；
$h_0$—$G_0$ 重心至地面的距离，m；$h_1$—$G_1$ 重心至地面的距离（地面倾斜影响忽略不计，下同），m；$h_2$—$G_2$ 重心至地面的距离，m；$h_3$—$G_3$ 重心至地面的距离，m；$h_4$—构件最低位置时的重心高度；$W_1$、$W_2$、$W_3$—作用于相应部位的风荷载，kN/m²；$G_0$—平衡重的重量，kN；$G_1$—起重机机身可转动部分重量，kN；$G_2$—起重机机身不转动部分重量，kN；$G_3$—起重臂重量，kN；$l_0$—$G_0$ 至倾覆中心的距离，m；$l_1$—$G_1$ 至倾覆中心的距离，m；$l_2$—$G_2$ 至倾覆中心的距离，m；$R$—起重半径，m；$\beta$—地面倾斜角（≤3°）；$Q$—起重荷载（包括构件及索具重量），t

$M$—起重机履带外边缘宽度，m；$N$—起重机履带宽度，m；$R$—起重机原有最大臂长的最小起重半径，m；$R'$—接长起重臂后的最小起重半径，m；$Q$—起重机原有性能表（或性能曲线）查出最大臂长时的最大起重力，kN；$Q'$—接长起重臂后的最大起重力，kN；$G'$—起重臂在中部接长后，端部所增长部分的重力，kN

### 3.1.2.3 塔式起重机

（1）塔式起重机的类型

塔式起重机分为上回转塔机和下回转塔机两大类。其中前者的承载力要高于后者，在许多的施工现场见到的就是上回转式顶升加节接高的塔机。按能否移动又分为：行走式和固定式。固定式塔机塔身固定不转，安装在整块混凝土基础上，或装设在条形或X形混凝土基础上；行走式可分为履带式、汽车式、轮胎式和轨道式四种。在房屋的施工中一般采用的是固定式。按其变幅方式可分为水平臂架小车变幅和动臂变幅两种；按其安装形式可分为自升式、整体快速拆装式和拼装式三种。应用最广的是下回转、快速拆装、轨道式塔式起重机和能够一机四用（轨道式、固定式、附着式和内爬式）的自升塔式起重机，如图3-1-10、图3-1-11所示。

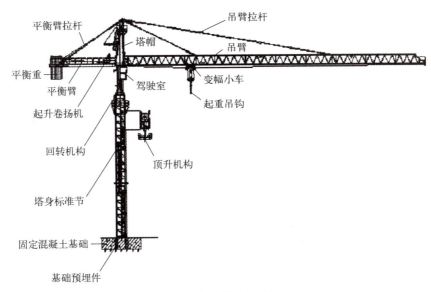

图3-1-10　自升塔式起重机示意

（2）塔式起重机的使用要点

① 塔式起重机作业前应进行下列检查和试运转：a.各安全装置、传动装置、指示仪表、主要部位连接螺栓、钢丝绳磨损情况、供电电缆等必须符合有关规定；b.按有关规定进行试验和试运转。

② 当同一施工地点有2台以上起重机时，应保持两机间任何接近部位（包括吊重物）距离不得小于2m。

③ 在吊钩提升、起重小车或行走大车运行到限位装置前，均应减速缓行到停止位置，并应与限位装置保持一定距离；吊钩不得小于1m，行走轮不得小于2m。严禁采用限位装置作为停止运行的控制开关。

图3-1-11　施工中的塔吊

④ 动臂式起重机的起升、回转可同时进行，变幅应单独进行。每次变幅后应对变幅部位进行检查。允许带载变幅的，当荷载达到额定起重量的90%及以上时，严禁变幅。

⑤ 提升重物，严禁自由下降。重物就位时，可采用慢就位机构或利用制动器使之缓慢下降。

⑥ 提升重物做水平移动时，应高出其跨越的障碍物 0.5m 以上。

⑦ 装有上下两套操纵系统的起重机，不得上下同时使用。

⑧ 作业中如遇大雨、雾、雪、六级及以上大风等恶劣天气，应立即停止作业，将回转机构的制动器完全松开，起重臂应能随风转动。对轻型俯仰变幅起重机，应将起重臂落下并与塔身结构锁紧在一起。

⑨ 作业中，操作人员临时离开操纵室时，必须切断电源。

⑩ 作业完毕后，起重臂应转到顺风方向，并松开回转制动器，小车及平衡重应置于非工作状态，吊钩宜升到起重臂顶端 2~3m 处。

⑪ 停机时，应将每个控制器拨回零位，依次断开各开关，关闭操纵室门窗；下机后，使起重臂与轨道固定，断开电源总开关，打开高空指示灯。

⑫ 动臂式和尚未附着的自升式塔式起重机，塔身上不得悬挂标语牌。

## 3.2 框架结构预制构件施工

按照标准化进行设计，根据结构、建筑的特点将预制框架柱、预制叠合梁、预应力空心板、楼梯、墙体等构件进行拆分，并制定生产及吊装顺序，在工厂内进行标准化生产，现场采用汽车吊车及塔吊进行构件安装，其工艺流程如图 3-2-1 所示。

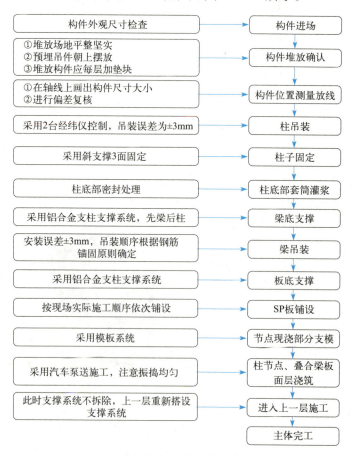

图 3-2-1　预制装配式框架施工工艺流程

预制框架纵向钢筋连接采用半灌浆套筒连接，预制框架柱钢筋定位通过自制的固定钢模具进行调整。

预制框架柱与预制框架应力预制叠合梁，节点采用现浇混凝土，模板采用铝模支护，钢筋采用锚固搭接。

## 3.2.1 准备工作

### 3.2.1.1 技术资料准备

① 根据工程项目的构件分布图，制定项目的安装方案，并合理地选择吊机的型号和相位；

② 根据吊机的位置和临时堆场设置情况，规划临时运输道路；

③ 构件临时堆场应尽可能地设置在吊机的辐射半径内，减少现场的二次搬运，同时构件临时堆场应平整坚实，有排水设施；

④ 预制楼板应考虑水电管线预留位置，管线直径，线盒位置、尺寸，留槽位置等因素。

### 3.2.1.2 吊装前准备

① 所有构件吊装前必须在基层或者相关构件上将各个截面的控制线放好，这有利于提高吊装效率和控制质量。

② 预制构件吊装前根据构件类型准备吊具。加工模数化通用吊装梁，模数化通用吊装梁根据各种构件吊装时不同的起吊位置，设置模数化吊点，确保预制构件在吊装时保持钢丝绳竖直，避免产生水平分力导致构件旋转问题。

③ 预制构件进场存放后根据施工流水计划在构件上标出吊装板顺序号，标注顺序号与图纸上序号一致。构件的进场顺序应该根据现场安装顺序进场，进入现场的构件应该进行严格的检查，检查外观质量和构件的型号规格是否符合安装顺序。

④ 构件吊装前必须整理吊具，对吊具进行安全检查，这样可以保证吊装质量，同时也保证吊装安全。

⑤ 构件吊装之前，需要将所有埋件埋设准确，连接面清理干净。

### 3.2.1.3 现场准备

（1）构件的运输

① 制定运输方案，其内容包括构件单元划分、运输时间（根据吊装计划统一协调）、运输构件堆放符合规范要求，对成品构件边角做好保护措施，并在每个送货车上标注构件的信息资料。

3-2 现场吊装准备

② 根据施工现场的吊装计划，提前一天将次日所需型号和规格的预制构件发送至施工现场。在运输前应按清单仔细核对预制构件的型号、规格、数量是否相符。

③ 运输车辆可采用大吨位卡车或平板拖车。装车时先在车厢底板上铺两根100mm×100mm的通长木方，木方上垫15mm以上的硬橡胶垫或其他柔性垫，根据预制板的尺寸，合理放置板间的支点方木，同时应保证板与板之间的接触面平整、受力均匀。

④ 构件运输时应熟悉运输路线，仔细查看沿途路况，应选择路况较好的道路作为运输路线。在运输过程中，车辆应行驶平稳，避免紧急制动、猛加速、车辆颠簸等情况，保证构件在运输过程中不受到外力影响，造成构件断裂、裂纹、掉角等现象。

⑤ 预制构件根据其安装状态、受力特点，制定有针对性的运输措施，保证运输过程构件不受损坏。

（2）构件的堆放

① 预制构件进场时严格按照现场平面堆放构件，按计划放在临时堆场上。临时堆放场地应设在塔吊覆盖的作业范围内。

② 预制构件堆放场地地基承载力应满足专项方案要求。如遇松软土、回填土，应根据方案要求进行平整、夯实，并采取防水、排水和表面硬化措施，按规定在构件底部采用具有足够强度和刚度的垫板。

③ 预制混凝土构件与地面或刚性搁置点之间应设置柔性垫片，预埋吊环向上，标识向外，垫木位置宜与吊装时起吊位置一致，垫木或垫块在构件下的位置宜与脱模重叠堆放，每层构件间的垫木或垫块应在同一垂直线上，并应设置防止构件倾覆的支架。堆垛层数应根据构件与垫木或垫块的承载能力及堆垛的稳定性确定。预制构件堆放时，较重构件应靠近塔吊一侧放置。

④ 根据施工进度情况，为保证连续施工，要求施工现场提前存放相应数量的预制构件。预制构件运至现场后，根据总平面布置进行构件存放，构件存放应按照吊装顺序及流水段配套堆放。

⑤ 预制构件进场后必须按照吊装单元堆放，堆放时核对本单元预制构件数量、型号，保证单元预制构件就近堆放。

⑥ 预制柱、梁的堆放要求：

a. 按照规格、品种、所用部位、吊装顺序分别堆放；运输道路及堆放场地平整、坚实，并有排水措施。

b. 预制框架柱堆放最高2层柱，垫木位于柱长度1/4位置处，如图3-2-2所示。

⑦ 预制板类的堆放要求：预制板类构件可采用叠放方式存放，其叠放高度应按构件强度、地面耐压力、垫木强度以及垛堆的稳定性来确定，构件层与层之间应垫平、垫实，各层支垫应上下对齐，最下面一层支垫应通长设置，楼板、阳台板预制构件储存宜平放，采用专用存放架支撑，叠放储存不宜超过6层。预应力混凝土叠合板的预制带肋底板应采用板肋朝上叠放的堆放方式，严禁倒置，各层预制带肋底板下部应设置垫木，垫木应上下对齐，不得脱空，堆放层数不应大于7层，如图3-2-3所示，并应有稳固措施。吊环向上，标识向外。

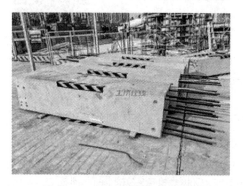

图3-2-2 预制框架柱现场堆放

图3-2-3 预应力混凝土叠合板现场堆放

预制墙板根据受力特点和构件特点，宜采用专用支架对称插放或靠放存放，支架应有足够的刚度，并支垫稳固。预制墙板宜对称靠放、饰面朝外，与地面之间的倾斜角不宜小于80°，构件与刚性搁置点之间应设置柔性垫片，防止损伤成品构件。

（3）构件的验收

① 根据结构图纸，进行预制构件的尺寸复核，重点检查预制构件的尺寸是否与框架梁的位置相符，预制楼梯段的加工尺寸是否与楼梯梁位置、尺寸相符。

② 检查预制构件数量、质量证明文件和出厂标识，预制构件进入现场应有产品合格证、出场检验报告，每个构件应有独立的构件编号，进场构件按进场的批次进行重点抽样检查，检验结果符合要求，预制构件方可使用。

③ 预制构件进场除了以上数量和质量证明文件的检查以外，还需要对预制构件尺寸进行检查，如表 3-2-1 所示。

表 3-2-1 预制构件尺寸允许偏差及检验方法

| 项目 | | 允许偏差 /mm | 检验方法 |
| --- | --- | --- | --- |
| 预制柱 | 长度 | ±5 | 钢尺检查 |
| | 宽度 | ±5 | 钢尺检查 |
| | 弯曲 | $L/750$ 且 ≤ 20 | 拉线、钢尺最大侧向弯曲处 |
| | 表面平整 | 4 | 2m 靠尺和塞尺检查 |
| 预制梁 | 高度 | ±5 | 钢尺检查 |
| | 长度 | ±5 | 钢尺检查 |
| | 弯曲 | $L/750$ 且 ≤ 20 | 拉线、钢尺最大侧向弯曲处 |
| | 表面平整 | 4 | 2m 靠尺和塞尺检查 |

注：1. 检查数量，对同类构件，按同日进场数量的 5% 且不少于 5 件检查，少于 5 件则全数检查。
2. 检验方法：钢尺、拉线、靠尺、塞尺检查。
3. $L$ 指预制梁跨度。

④ 进场预制构件还应进行外观质量检查，一般缺陷修补，严重缺陷不得使用。具体处理方法可参照表 3-2-2。

表 3-2-2 预制构件外观质量缺陷

| 名称 | 现象 | 严重缺陷 | 一般缺陷 |
| --- | --- | --- | --- |
| 露筋 | 构件内钢筋未被混凝土包裹而外露 | 主要有露筋 | 其他部位有少量露筋 |
| 蜂窝 | 混凝土表面缺少水泥砂浆面形成石子外露 | 主筋部位和搁置点位置有蜂窝 | 其他部位有少量蜂窝 |
| 孔洞 | 混凝土中孔穴深度和长度均超过保护层厚度 | 构件主要受力部位有孔洞 | 不应有孔洞 |
| 夹渣 | 混凝土中夹有杂物且深度超过保护层厚度 | 构件主要受力部位有夹渣 | 其他部位有少量夹渣 |
| 疏松 | 混凝土中局部不密实 | 构件主要受力部位有疏松 | 其他部位有少量疏松 |
| 裂隙 | 缝隙从混凝土表面延伸至混凝土内部 | 构件主要受力部位有影响结构性能或使用功能的裂隙 | 其他部位有少量不影响结构性能或使用功能的裂隙 |
| 裂纹 | 构件表面的裂纹或者龟裂现象 | 预应力构件受拉侧有影响结构性能或使用功能的裂纹 | 非预应力构件有表面的裂纹或者龟裂现象 |
| 连接部位缺陷 | 构件连接处混凝土缺陷及连接钢筋、连接件松动，灌浆套筒未保护 | 连接部位有影响结构传力性能的缺陷 | 连接部位有基本不影响结构传力性能的缺陷 |
| 外形缺陷 | 内表面缺棱掉角、棱角不直、翘曲不平等；外表面面砖黏结不牢、位置偏差，面砖嵌缝没有达到横平竖直，面砖表面翘曲不平 | 清水混凝土构件有影响使用功能或装饰效果的外形缺陷 | 其他混凝土构件有不影响使用功能的外形缺陷 |
| 外表缺陷 | 构件内表面麻面、掉皮、起砂、沾污等；外表面面砖污染、预埋门窗破坏 | 具有重要装饰效果的清水混凝土构件、门窗框有外表缺陷 | 其他混凝土构件有不影响使用功能的外表缺陷，门窗框不宜有外表缺陷 |

注：一般缺陷，应由预制构件生产单位或施工单位进行修整处理，修复技术处理方案应经监理单位确认后实施，经修整处理后的预制构件应重新检查。

作为现场管理对预制构件重点检查项目有：①支撑点位预埋堵头是否取出；②灌浆孔是否通畅。

#### 3.2.1.4 施工准备

施工准备除针对安装施工过程中需要的材料、人、工具、机械设备以及施工现场等准备外，还要做好以下准备：

① 装配式结构正式施工前宜选择有代表性的单元或部件进行预制构件试生产和试安装，根据试验结果及时调整完善施工方案，确定单元施工的循环施工步骤。

② 构件吊装前，应检查构件装配连接构造详图，包括构件的装配位置、节点连接详细构造及临时支撑设计计算校核等。

③ 装配施工前应按要求检查核对已施工完成的现浇结构质量，根据设计图纸在预制构件和已施工的现浇结构上进行测量放线并做好安装定位标志。

④ 预制构件、安装用材料及配件应按标准规定进行进场检验，未经检验或不合格的产品不得使用。

⑤ 吊装设备应满足预制构件吊装重量和作业半径的要求，进场组装调试时其安全性必须符合施工要求。

⑥ 合理规划构件运输通道和存放场地，设置必要的现场临时存放架，并制定成品保护措施。

### 3.2.2 构件安装施工

#### 3.2.2.1 预制框架柱安装（以灌浆套筒预制柱安装为例）

（1）预制框架柱安装操作流程

如图 3-2-4 所示。

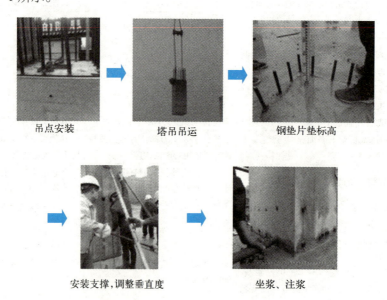

图 3-2-4 预制框架柱安装操作流程

（2）预制框架柱吊装准备

① 吊装前对预制框架柱子四面进行定位放线，确定地面钢筋位置、规格与数量、几何

形状和尺寸是否与定位钢模 SP 板一致，测量预制框架柱底面标高控制件预埋螺栓标高，并满足要求。

② 预制框架柱采用一点慢速起吊，使预制框架柱吊升中所受振动较小，并在预制框架柱起吊中用方木保护。

③ 对位与临时固定。预制框架柱起吊后，停在预留筋上 30～50mm 处进行对位，使预制框架柱的套筒与预留钢筋吻合，并采用提前预埋的螺栓控制 2cm 施工拼缝，调整垂直误差在 2mm 之内，最后采用 3 面斜支撑将其固定。预制框架柱垂直偏差的检验用两架经纬仪去检查预制框架柱吊装准线的垂直度。

④ 预制框架柱吊装顺序，采用单元吊装模式并沿着轴线长方向进行。

⑤ 吊装完毕后对预制框架柱底部 2cm 缝隙进行封仓和灌浆处理。

（3）施工要点

① 弹出构件轮廓控制线（见图 3-2-5），并对连接钢筋位置进行再确认（见图 3-2-6）。

3-3 装配整体式框架结构常用连接节点构造

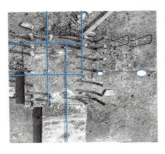

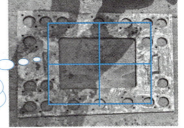

图 3-2-5　弹出构件轮廓控制线　　　　图 3-2-6　连接钢筋位置确认

通过控制安装精度，以保证在施工中更加方便快捷地安装构件。

a. 柱基层进行浮灰剔凿清理（可采用保鲜膜保护）；

b. 钢筋除泥浆（柱垛浇筑前可采用保鲜膜保护）；

c. 同一层内预制柱弹轮廓线，控制累计误差在 ±2mm 内；

d. 采用钢模具对钢筋位置进行确认。

② 预埋高度调节螺栓（见图 3-2-7）。为控制预制柱底层和基层 2cm 封仓高度，预埋高度调节螺栓应按以下要求进行。

(a)　　　　　　　　　　　　　　(b)

图 3-2-7　柱底高度调节螺栓

a. 吊装前用水冲洗，使基层构件线清晰；

b. 利用水准仪对三个预埋螺栓标高进行调节，达到标高要求并使之满足 2cm 高差，如图 3-2-8 所示；

c. 确认构件安装区域内无高度超过 2cm 的杂物。

③ 预制框架柱安装。

a. 吊机慢速起吊；

b. 吊机起吊下放时应平稳，并对准引导钢筋；

c. 柱的四个面放置镜子，观察下方连接钢筋是否均插入上方的连接套筒内，如图 3-2-8 所示；

d. 查看构件与基层是否满足 2cm 缝隙要求，如不满足继续调整。

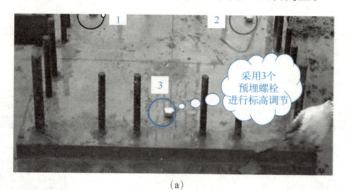

(a)

(b)

(c)

图 3-2-8　预制柱安装

④ 预制框架柱垂直度调整。为保证预制柱垂直度 ±2mm 内，应采用如下措施。

a. 采用两台经纬仪，通过基层轴线对构件的垂直度进行测设，如图 3-2-9 所示；

b. 对垂直度调整，通过斜支撑可调节螺栓调整（5～12mm）。

⑤ 预制框架柱固定。为保证预制柱牢固不发生倾斜，应采用如下措施。

a. 柱子垂直度满足 ±5mm 后，采用斜支撑对柱子进行支撑固定，如图 3-2-10 所示；

b. 三面支撑完成后，用梯子撤掉吊车吊钩。

⑥ 预制框架柱封仓。

a. 预制框架柱封仓前准备：用气泵压缩空气检查每个灌浆孔、出浆孔，确保无杂质并且保持通畅；用吹风机对柱基底进行二次清理；封仓前对封仓进行湿润。

b. 预制框架柱封仓一般有两种方法：

图 3-2-9　预制框架柱垂直度调整

图 3-2-10　预制框架柱固定

其一，采用专用的封浆料，填抹 1.5～2cm（确保不堵套筒孔），一段抹完后抽出内衬进行下一段填抹，如图 3-2-11 所示。常温下 24h、30MPa 后，才可进行其他作业。

其二，当细缝大于 2cm 以上时，为确保不爆仓，先用缝浆料封仓，待 24h 后，采用木模板加 1cm 泡沫板支护方式封堵，如图 3-2-12 所示。模板与柱连接面采用柔性连接。

⑦ 制备灌浆料。为了满足其使用及强度要求，制备灌浆料时必须做到：

a. 准备灌浆料及工具，检查材料是否受潮并称重；检查水温；确定用水量；第一次搅拌加 70% 料，第二次搅拌加 30% 料；静置 2～3min；流动检测；强度试块。

b. 浆料的质量控制：严格按照出厂水料比制作，用电子秤计量灌浆料，刻度杯计量水；先放水再放 70% 的料，进行搅拌，搅拌 1～2min 大致均匀后，再将剩余料加入，并搅拌 3～4min 彻底均匀；要确保灌浆料 30min 内使用完成，如图 3-2-13 所示。

⑧ 预制框架柱灌浆。为确保孔路畅通，从而满足灌浆要求，要做到：

a. 灌浆泵（枪）使用前用水清洗；

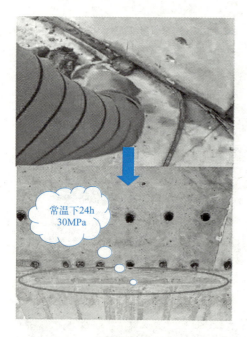

图 3-2-11　预制框架柱封仓方法一

图 3-2-12　预制框架柱封仓方法二

b. 灌浆料数量应满足：一桶可灌浆使用，一桶正在静置排气泡，一桶正在准备搅拌。浆料倒入机器，并用滤网过滤掉大颗粒；

c. 从接头下方的灌浆孔处向套筒内压力灌浆；

d. 只能选择一个灌浆孔，不能选择两个以上的孔；同一个仓位要连续灌浆，不得中途停顿，如图 3-2-14 所示。

图 3-2-13　制备灌浆料

图 3-2-14　预制框架柱灌浆

⑨封堵出浆口。为保证灌浆无气泡，浆料饱满，要求做到：接头灌浆时，待上方的排气孔连续流出浆料后，用专用橡胶塞封堵，如图 3-2-15 所示。按照浆料排出先后顺序，依次封堵灌排浆孔，封堵时灌浆泵（枪）要一直保持压力，直至所有排浆孔出浆并封堵牢固，然后再停止灌浆。在浆料初凝前检查灌浆接头，对漏浆处及时进行处理。

⑩ 灌浆后节点保护。灌浆料强度达到 35MPa 时，方可进入下一道工序（见图 3-2-16），否则不得扰动构件（满足表 3-2-3 的要求）。

图 3-2-15　预制框架柱出浆口封堵

图 3-2-16　灌浆后节点保护

表 3-2-3　灌浆后构件要求

| 温度 | 时间 | 备注 |
| --- | --- | --- |
| 15℃ | 24h 内 | 不得受扰动 |
| 5～15℃ | 48h 内 | |
| 5℃以下，对构件接头部位采取加热保温措施 | 要保持 5℃以上至少 48h | |

#### 3.2.2.2　预制叠合梁、板安装

（1）预制叠合梁、板的吊装施工流程

见图 3-2-17、图 3-2-18。

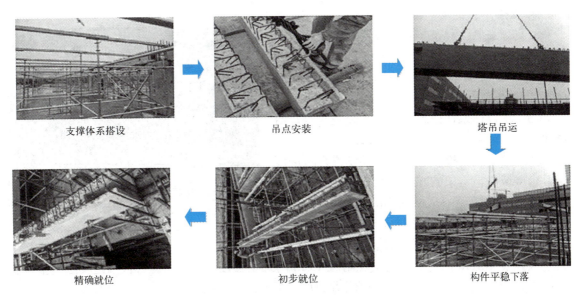

图 3-2-17　预制叠合梁的安装流程

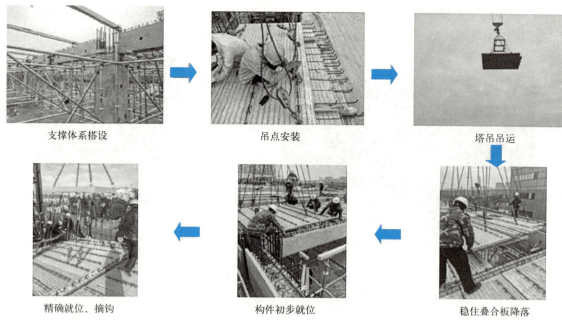

图 3-2-18 预制叠合板的安装流程

（2）预制叠合梁、板的施工准备

钢支撑施工准备：

① 认真编制独立可调式钢支撑的施工方案和做好施工操作安全、技术交底资料工作。

② 组织独立可调式钢支撑的材料进场，进场后按计划堆放。

③ 叠合墙板安装完成后开始搭设，安装钢支柱必须严格按照设计方案放线安装。

（3）施工要点

① 支撑体系安装

a. 支撑安装流程，按尺寸放置钢支柱→放置钢支柱折叠三脚架→调整钢支柱上部支撑头高度→安装工字梁→微调高度并固定。梁、板支撑体系如图 3-2-19 所示。

（a）支撑体系在预制框架柱安装完成后开始搭建。

（b）梁、板支撑体系木工字梁设置方向垂直于叠合楼板内格构梁的方向。梁底边支座不得大于 500mm，间距不大于 1200mm。

（c）起始支撑设置根据叠合板与边支座的搭设长度来决定，当叠合板边与边支座的搭接长度

图 3-2-19 梁、板支撑体系

大于或等于 40mm 时，楼板边支座附近 1.5m 内无须设置支撑，当叠合板与边支座的搭接长度小于 35mm 时，需在楼板边支座附近 200～500mm 范围内设置一道支撑体系。

（d）梁、板的支撑体系必须有足够的强度和刚度，楼板支撑体系的水平高度必须达到精准的要求，以保证楼板浇筑成型后底面平整；跨度大于 4m 时中间的位置要适当起拱。

b. 质量控制要点

（a）楼层上下层钢支柱应在同一中心线上，独立钢支柱水平横纵向应与梁底脚手架承重支撑的水平横纵杆连接。

（b）调节钢支柱的高度应该留出浇筑载荷所形成的变形量，跨度大于4m时中间的位置要适当起拱。

（c）支架立杆应竖直设置，2m高度的垂直允许偏差为12mm。

（d）当梁支架立杆采用单根立杆时，立杆应设在梁模板中心线处，其偏心距不应大于15mm。

② 预制叠合梁吊装

a. 测量放线

（a）根据引入施工作业区的标高控制点，用水准仪测设出叠合梁安装位置处的水平控制线，水平线宜设在作业区1m处的外墙板上，同一作业区的水平控制线应该重合，根据水平控制线弹出叠合梁梁底位置线。

（b）根据轴线、外墙板线，将梁端控制线用线锤、靠尺、经纬仪等测量方法引至外墙板上；构件起吊前对照图纸复核构件的尺寸、编号。

b. 梁底支撑搭设

（a）根据构件位置及方案线确定支撑位置及数量。

（b）对支撑高度进行调整。

（c）待叠合梁吊装完成后再放置三脚架固定。

c. 叠合梁吊运安装

（a）根据结构图按照设计说明给出的吊装顺序吊装。整体吊装原则：先主梁再次梁，根据钢筋搭接顺序，谁的钢筋在下谁先吊装，如图3-2-20所示。

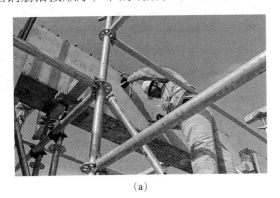

(a)　　　　　　　　　　　　　　(b)

图3-2-20　叠合梁吊运安装

（b）根据预埋件确定两点吊装，吊索水平夹角不宜小于45°。

（c）叠合梁安装过程通过线坠及位置控制线调整高度及位置。

（d）将梁放入已经支好的支撑结构上，并微调梁的左右位置。

（e）梁安装完毕后再次确认下支撑与梁底是否牢固接触。

注意：吊装前在预制框架柱上弹出预制叠合梁控制边线；吊装顺序应根据钢筋搭接的上下位置关系确定吊装的原则。

③ 预制叠合楼板吊装

a. 吊装要点

（a）SP 板吊装按顺序依次铺开，不宜间隔吊装；据施工图纸，检查叠合板构件类型，确定安装位置，并对叠合板吊装顺序进行编号；根据施工图纸，弹出叠合板水平及标高控制线，并对控制线进行复核。

（b）吊装前与叠合板生产厂家沟通好叠合板的供应，确保吊装顺利进行。

（c）楼板吊装前应将支座基础面及楼板底面清理干净，避免出现点支撑现象。

（d）吊装时先吊装边缘的窄板，然后按照顺序吊装剩下板块。

（e）合板起吊时，必须采用模数化吊装梁吊装，要求吊装时 4 个吊点均匀受力，起吊缓慢，保证与叠合板平稳起吊。每块楼板起吊用 4 个吊点，吊点位置为格构梁上弦与腹筋交接处，如图 3-2-21 和图 3-2-22，距离板端为整个板长的 1/5～1/4。

（f）装锁链采用专用锁链和 4 个闭合吊钩，平均分担受力，多点均衡起吊，单个锁链长度为 4m，如图 3-2-21 所示。

（g）每块 SP 板吊装就位后偏差不得大于 3mm，累计误差不得大于 10mm。

（h）叠合板吊装过程中，在作业层上空 300mm 处略作停顿，如图 3-2-22 所示。根据叠合板上位置调整叠合板方向进行定位。吊装过程中注意避免叠合板上的预留钢筋与框架柱上的竖向钢筋碰撞，叠合板稳停慢放，以免吊装放置时冲击力过大导致板面损坏。

3-4 叠合楼盖及预制楼梯常用连接节点连接构造

（i）叠合板就位校正时，采用楔形小木块嵌入调整，不得直接使用撬棍调整，以免出现半边损坏。

图 3-2-21　叠合板专用吊具

图 3-2-22　吊装定位控制

b. 预制楼板吊装注意事项

（a）吊装必须从不规则建筑部位开始。

（b）在安装面积较大（或现场条件较为复杂）时，应按施工方案确定的顺序安装。

（c）在吊装面积较大的情况下，应在叠合楼板构件边缘画出一条或多条定位线，以便调整安装误差。

（d）在叠合楼板构件搭接长度大于 4.0cm 情况下，整个搭接面须用灰浆坐浆。

（e）在中间承重墙部位，两块对接叠合楼板须至少保持 3.5cm 的间距，以确保在接缝处正确浇筑并密实现浇混凝土。

c. 预制叠合板施工中的成品保护

（a）预制叠合板进场堆放时，每层之间采用的垫木应垫放在起吊位置下方。

（b）吊装叠合板以及叠合板混凝土浇筑前，需对叠合板的叠合面及桁架钢筋进行检查验收，桁架钢筋不得变形、弯曲。

（c）叠合板吊装完成后，不得集中堆放重物，施工区不得集中站人，不得在叠合板上蹦跳、重击，以免造成叠合板损坏。

④ 附加钢筋安装。楼板铺设完毕后，板的下边缘不应出现高低不平的情况，也不应出现空隙，局部无法调整和避免的支座处出现的空隙做封堵处理，支撑可以做适当调整，使板的底面保持平整、无缝隙。

预制楼板安装调平后，即可进行附加钢筋及楼板下层横向钢筋的安装，具体安装根据招标方提供的图纸进行，钢筋均应由施工单位提前加工制作，并现场安装。

⑤ 水电管线敷设及预埋

a. 叠合板部位的机电线盒和管线根据深化设计图纸要求，布设机电管线，如图 3-2-23 所示。

b. 楼板上层钢筋安装完成后，进行水电管线的敷设与连接工作，为便于施工，叠合板在工厂生产阶段已将相应的线盒及预留洞口等按设计图纸预埋在预制板中，施工过程中各方必须做好成品保护工作。

c. 待机电管线铺设完毕、清理干净后，根据叠合板上方钢筋间距控制线进行钢筋绑扎，保证钢筋搭接和间距符合设计要求。同时利用叠合板桁架钢筋作为上部钢筋的马凳，确保上部钢筋的保护层厚度。

⑥ 楼板上层钢筋安装（见图 3-2-24）

图 3-2-23　水电管线敷设及预埋

图 3-2-24　楼板上层钢筋安装

a. 水电管线敷设完毕后，钢筋工即可进行楼板上层钢筋的安装。

b. 楼板上层钢筋设置在格构梁上弦钢筋上并绑扎固定，以防止偏移和混凝土浇筑时上浮。

c. 对已铺设好的钢筋、模板进行保护，禁止在底模上行走或踩踏，禁止随意扳动、切断格构钢筋。

⑦ 预制楼板底部接缝处理如图 3-2-25 所示：在墙板和楼板混凝土浇筑之前，应派专人对预制楼板底部接缝及其与墙板之间的缝隙进行检查，对一些缝隙过大的部位进行支模封堵处理，以免影响混凝土的浇筑质量。待钢筋隐检合格，叠合面清理干净后再浇筑叠合板混凝土。

a. 对叠合板面进行认真清扫，并在混凝土浇筑前进行湿润。

b. 叠合板混凝土浇筑时，为了保证叠合板及支撑受力均匀，混凝土浇筑采取从中间向两边浇筑，连续施工，一次完成。同时使用平板振动器振捣，确保混凝土振捣密实。

c. 根据楼板标高控制线，控制板厚，浇筑时采用 2m 刮杠将混凝土刮平，随即进行混凝土收面及收面后拉毛处理。

d. 混凝土浇筑完毕后立即进行塑料薄膜养护，养护时间不得少于 7d。

(a)

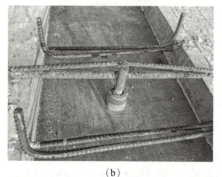

(b)

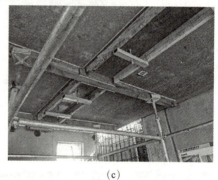

(c)

图 3-2-25 预制楼板底部接缝处理

⑧ 检查验收：上述所有工作都完成以后，施工单位质检人员应先对其进行全面检查，自检合格后，报监理单位（或业主单位）进行隐藏工程验收；经验收合格，方可进行下道工序施工。

### 3.2.2.3 预制装配式钢筋混凝土楼梯安装

（1）工艺流程

预制楼梯板安装的准备→弹出控制线并复核→楼梯上、下口做细石混凝土找平灰饼→楼梯板吊装→楼梯板就位校正→连接灌浆→检查验收。安装过程见图 3-2-26。

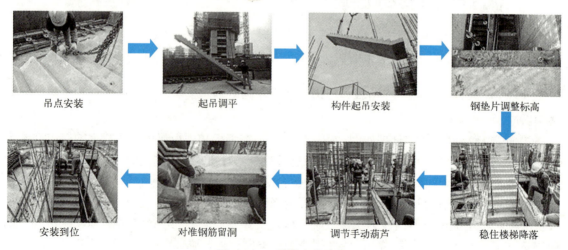

图 3-2-26 楼梯安装流程

（2）楼梯找平层

构件安装前，应将水泥砂浆找平层清扫干净，并在梯段上、下口梯梁处铺 2cm 厚 M10

水泥砂浆找平层（M10 水泥砂浆采用成品干拌砂浆），坐浆安装，以保证构件与梯梁之间的良好结合与密实。

找平层施工完毕后，应对找平层标高用拉线、尺量的方法进行复核，标高允许偏差为 5mm。楼梯找平层施工过程如图 3-2-27 所示。

图 3-2-27　楼梯找平层施工过程

（3）楼梯安装

根据施工图纸，弹出楼梯安装控制线，对控制线及标高进行复核。楼梯侧面距结构墙体预留 10mm 孔隙，为后续塞防火岩棉预留空间。

① 在楼梯段上下口梯梁处铺 15mm 厚水泥砂浆找平，上铺 5mm 厚聚乙烯板，砂浆找平层标高要控制准确。

② 预制楼梯板采用水平吊装，吊装时，应使踏步呈水平状态，便于就位。吊装吊环用螺栓将通用吊耳与楼梯板预埋内螺纹连接，使钢丝绳吊具及倒链连接吊装。起吊前检查卸扣卡环，确认牢固后方可继续缓慢起吊，如图 3-2-28 所示。

(a) 检查卡环　　　　　　　　　　　(b) 起吊

图 3-2-28　楼梯起吊

③ 预制楼梯板就位，就位时楼梯板要从上向下垂直安装，在作业面上空 300mm 处略作停顿，施工人员手扶楼梯板调整方向，将楼梯板的边线与梯梁上的安放位置线对准，放下时要稳停慢放，严禁快速猛放，以免冲击力过大造成楼板面振折或裂缝，如图 3-2-29 所示。

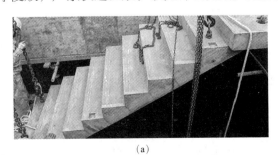 

(a)　　　　　　　　　　　(b)

图 3-2-29　预制楼梯板就位

④ 楼梯板基本就位后，根据控制线，利用撬棍微调楼梯板，直到位置正确，搁置平实。安装楼梯板时应特别注意标高位置，校正后再脱钩，如图 3-2-30 所示。

图 3-2-30　位置调整、收钩

（4）预制楼梯板与现浇部位连接灌浆

楼梯板安装完成、检查合格后，在预制楼梯板与休息平台连接部位采用灌浆料进行灌浆，灌浆要求从楼梯板的一侧向另外一侧灌注，待灌浆料从另一侧溢出后表示灌满。充填完毕 40min 内不得移动橡胶塞，灌浆材料充填结束后 4h 内应加强养护，不得施加有害的振动、冲击等影响，对横向构件连接部位混凝土的浇灌也应在 1d 后进行，如图 3-2-31 所示。

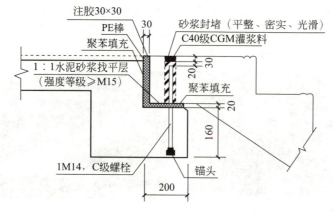

图 3-2-31　楼梯板灌浆连接（以固定铰端安装为例）（单位：mm）

（5）预制楼梯板安装保护

① 预制楼梯板进场后对方不得超过四层，对方时垫木必须垫放在楼梯吊装点下方。

② 在吊装前预制楼梯采用多层板钉成整体踏步台阶形状，保护踏步面不被损坏，并且将楼梯两侧用多层板固定做保护。

③ 在吊装预制楼梯之前将楼梯预留灌浆圆孔处砂浆、灰土等杂质清除干净，确保预制楼梯灌浆质量。

## 3.3　实心剪力墙预制构件施工

按照标准化进行设计，根据结构、建筑的特点将预制实心剪力墙，预制叠合梁、叠合楼板，预制楼梯等构件进行拆分，并制定生产及吊装顺序，在工厂内进行标准化生产，现场采用 60t 塔吊进行构件安装。

预制实心剪力墙纵向钢筋连接采用半灌浆套筒连接，预制实心剪力墙钢筋定位通过自制的固定钢模具进行调整。

预制实心剪力墙与预制叠合梁，节点采用现浇混凝土。

叠合楼板与叠合梁采用搭接的方式连接，叠合楼板间采用刀口设计，用防水砂浆找平。

预制实心剪力墙施工流程如图3-3-1所示。

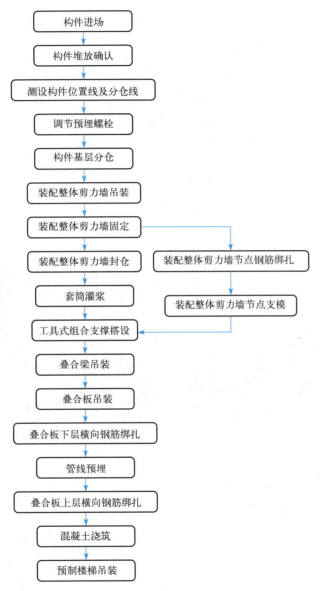

图3-3-1 预制实心剪力墙施工流程

对于装配式实心剪力墙体系，其他施工过程主要完成实心剪力墙以及预制叠合楼板的吊装施工，因此，下面主要介绍预制实心剪力墙以及预制叠合板吊装工艺过程。

## 3.3.1 预制实心剪力墙安装操作流程

预制实心剪力墙安装施工操作流程为：弹出构件轮廓线控制线，并对连接钢筋进行位置再确认→调节预埋螺栓高度→预制实心剪力墙分仓→预制实心剪力墙安装→预制实心剪力墙固定→预制实心剪力墙封缝→预制实心剪力墙灌浆→灌浆后节点保护。

### 3.3.2 预制实心剪力墙安装施工要点

（1）弹出构件轮廓控制线，并对连接钢筋进行位置再确认

① 插筋钢模，放轴线控制，如图3-3-2所示。

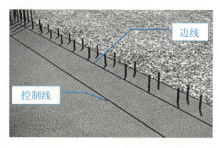

图3-3-2 构件轮廓控制线

3-5 装配整体式剪力墙结构常用连接节点构造

a. 钢筋除泥浆，基层浇筑前可采用保鲜膜保护；
b. 对同一层内预制实心墙轮廓线，控制累计误差在±2mm内。

② 插筋位置通过钢模再确认，轴线加构件轮廓线，如图3-3-3所示。

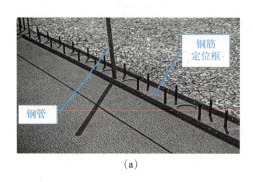
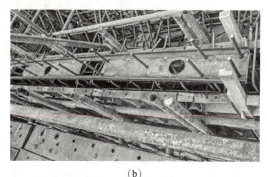

（a）　　　　　　　　　（b）

图3-3-3 确认插筋位置

a. 采用钢模具对钢筋位置进行确认；
b. 严格按照设计图纸要求检查钢筋长度。

③ 吊装前准备，轴线、轮廓线、分仓线、编号，如图3-3-4所示。

（2）调节预埋螺栓高度

① 对实心墙板基层初凝时用钢钎做麻面处理，吊装前用风机清理浮灰。

② 水准仪对预埋螺栓标高进行调节，达到标高要求并使之满足2cm高差，如图3-3-5所示。

③ 对基层地面平整度进行确认。

（3）预制实心剪力墙分仓

① 采用电动灌浆泵灌浆时，一般单仓长度不

图3-3-4 分仓线示意

超过1m。

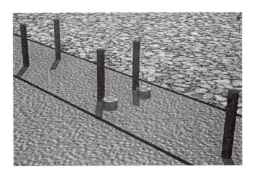 

图 3-3-5　预埋螺栓

② 采用手动灌浆枪灌浆时，单仓长度不宜超过 0.3m，其分仓缝设置如图 3-3-6 所示。
③ 对填充墙无灌浆处采用坐浆法密封。
（4）预制实心剪力墙安装
① 吊机起吊、下放时应平稳，如图 3-3-7 所示。

图 3-3-6　分仓缝设置　　　　　图 3-3-7　吊机平稳起吊

② 预制实心墙两边放置镜子，确认下方连接钢筋均准确插入构件的灌浆套筒内，如图 3-3-8 所示。
③ 检查预制构件与基层预埋螺栓是否压实无缝隙，如不满足继续调整。
（5）预制实心剪力墙固定
① 墙体垂直度误差满足 ≤ ±5mm 后，在预制墙板上部 2/3 高度处用斜支撑通过连接对预制构件进行固定，斜撑底部与楼面用地脚螺栓锚固，其与楼面水平夹角不应小于 60°，墙体构件用不少于 2 根斜支撑进行固定，如图 3-3-9、图 3-3-10 所示。

图 3-3-8　检查套筒连接　　　　　图 3-3-9　垂直检查

② 垂直度的细部调整通过两个细部斜撑上的螺纹套管调整来实现，两边要同时调整。

③ 在确保两个墙板斜撑安装牢固后方可解除吊钩。

（6）预制实心剪力墙封缝

① 嵌缝前对基层与柱接触面用专用吹风机清理，并做润湿处理，如图3-3-11所示。

② 选择专用封仓料和抹子，在缝隙内先压入PVC管或泡沫条，填抹1.5～2cm深（确保不堵套筒孔），将缝隙填塞密实后，抽出PVC管或泡沫条，如图3-3-12所示。

③ 填抹完毕确认封仓强度达到要求（常温24h，约30MPa）后再灌浆。

（7）预制实心剪力墙灌浆

① 灌浆前逐个检查各接头灌浆孔和出浆孔，确保孔路畅通及仓体密封检查，如图3-3-13所示。

图3-3-10 固定完成

图3-3-11 清理和润湿

图3-3-12 封缝处理

图3-3-13 检查灌浆孔和出浆孔

② 灌浆泵接头插入灌浆孔后，封堵其他灌浆孔及灌浆泵上的出浆口，待出浆孔连续流出浆体后，暂停灌浆机，立即用专用橡胶塞封堵，如图3-3-14所示。

③ 至所有排浆孔出浆并封堵牢固后，拔出插入的灌浆孔，立即用专用的橡胶塞封堵，然后插入排浆孔，继续灌浆，将其灌满后立即拔出封堵。

④ 正常灌浆浆料要在自加水搅拌开始的20～30min之内灌完。

（8）灌浆后节点保护

检查验收：灌浆料凝固后，取下排浆孔封堵胶塞，检查孔内凝固的灌浆料上表面，应高于排浆孔下边缘5mm以上。灌浆料强度没有达到35MPa时，不得扰动，如图3-3-15所示。

 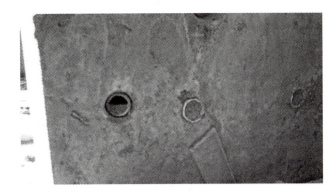

图 3-3-14　灌浆孔灌浆　　　　　图 3-3-15　灌浆检验

## 3.4　双面叠合剪力墙预制构件施工

按照标准化进行设计，根据结构、建筑的特点将预制双面叠合墙、预制叠合梁、叠合楼板、预制楼梯等构件进行拆分，并制定生产及吊装顺序，在工厂内进行标准化生产，现场采用 50t 塔吊进行构件安装。

预制双面叠合墙纵向钢筋采用插筋搭接方式连接，预制双面叠合墙基层定位钢筋与传统预留插筋一样。

预制双面叠合墙与预制叠合梁、预制楼板节点采用现浇混凝土。

叠合楼板与叠合梁采用搭接的方式连接，楼板之间采用刀口设计，用防水砂浆找平。

### 3.4.1　双面叠合板式剪力墙结构施工工艺流程

双面叠合板式剪力墙结构施工工艺流程如图 3-4-1 所示。

### 3.4.2　构件安装施工

双面叠合板式剪力墙安装操作流程：弹出轮廓线→放置高度控制垫块→预制叠合墙安装→预制叠合墙固定及检查验收。

（1）定位放线

首先将现有叠合板、叠合梁上侧抄平，通过定位放线弹出构件轮廓线，如图 3-4-2 所示，并对墙体外侧涂封边水泥浆，如图 3-4-3 所示。同时构件吊装前必须在基层或者相关构件上将各个截面的控制线弹好，其有利于提高吊装效率和控制质量。

（2）标准控制

先对基层进行杂物清理。用水准仪对垫块标高进行调

图 3-4-1　双面叠合板式剪力墙结构施工工艺流程

节，满足 5cm 缩短量高差要求，如图 3-4-4 所示。为方便叠合墙板安装，实际垫块高差为 3～5mm。

（3）叠合墙板安装

① 采用两点起吊，钓钩采用弹簧防开钩；

② 吊点同水平墙夹角不宜小于 60°；

③ 开合墙板下落过程应平稳；

④ 叠合板未固定，不能下吊钩；

⑤ 墙板间缝隙控制在 2cm 内。

（4）预制双面叠合墙固定

① 墙体垂直度满足 ±5mm 后，在预制墙板上部 2/3 高度处，用斜支撑通过连接对预制构件进行固定，斜支撑底部与楼面用地脚螺栓锚固，其与楼面的水平夹角 40°～50°，墙体构件用不少于 2 根斜支撑进行固定，如图 3-4-5、图 3-4-6 所示。

图 3-4-2 构件轮廓线

图 3-4-3 墙体外侧封边

图 3-4-4 标高控制垫块

图 3-4-5 双面叠合板墙的安装

图 3-4-6 双面叠合板墙的固定

② 垂直度的细部调整通过两个斜支撑上的螺纹套管调整来实现，两边要同时调整。

### 3.4.3 铝模板施工安装操作流程

铝模板施工安装操作流程见图 3-4-7，与预制框架结构、预制实心剪力墙结构不同，双面叠合板式剪力墙结构在吊装施工中不需要与套筒灌浆连接，而是搭设铝模板现浇连接预制构件，以下是铝模板施工安装操作流程。

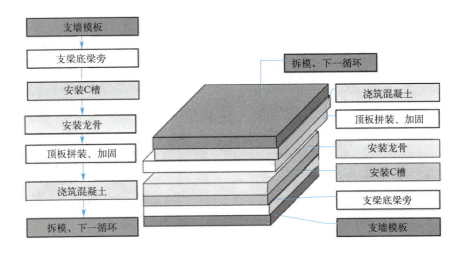

图 3-4-7　铝模板施工安装操作流程

（1）模板检查清理，涂刷脱模剂

① 用铲刀铲除模板表面浮浆，直至表面光滑无粗糙感，如图 3-4-8 所示。

② 在模板面均匀涂刷专用脱模剂，采用水性脱模剂，如图 3-4-9 所示。

图 3-4-8　清理模板表面　　　　　图 3-4-9　涂刷脱模剂

③ 铝模板制作允许偏差如表 3-4-1 所示。

表 3-4-1　铝模板制作允许偏差

| 序号 | 检查项目 | 允许偏差 |
| --- | --- | --- |
| 1 | 外形尺寸 | −2mm/m |
| 2 | 对角线 | 3mm |
| 3 | 相邻表面高低差 | 1mm |
| 4 | 表面平整度（2m 钢尺） | 2mm |

（2）标高引测及墙柱根部引平

将标高引测至楼层，如图 3-4-10 所示，通过引测的标高控制墙柱根部的标高及平整度；转角处用砂浆或剔凿进行找平，其他处用 4cm 和 5cm 角铝调节，如图 3-4-11 所示，位置通过墙柱控制线确认。

图 3-4-10 标高引测

图 3-4-11 墙柱根部引平

（3）焊接定位钢筋

采用中 16 号钢筋（端部平整）在墙柱根部离地约 100mm、间距 800mm 处焊接定位钢筋，如图 3-4-12 所示。

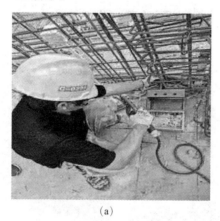
(a)

(b)

图 3-4-12 焊接定位钢筋

（4）墙板安装

墙柱在钢筋及水电预埋完成后，从墙顶开始逐块定位安装，用销钉固定，相邻两个销钉的间距不得超过 300mm，墙柱顶按现场叠合墙板实际高度安装，实际标高比设计标高低 3～5mm，如图 3-4-13 所示。

(a)

(b)

(c)                (d)

图 3-4-13 墙板安装

（5）模板固定

在三段式螺杆未应用前，采用 PVC 套管（壁厚 2mm），切割尺寸统一，偏差 0.05mm，端部采用 DVC 扩大头套防止加固螺杆过紧，螺杆间距小于 800mm，如图 3-4-14 所示。

图 3-4-14 模板固定

模板斜撑采用四道背楞（外墙五道），斜拉杆间距不大于 2m，上下支撑，模板安装完调整好标高、垂直度（斜向拉杆要受力），再进行梁底模和楼面板安装。

## 3.5 连接部施工

### 3.5.1 套筒灌浆连接

装配式建筑是用预制的构件在工地装配而成的，其工厂化和标准化程度高，施工速度快，节能省地，经济性好，已经成为我国目前推进建筑工业化发展的一个重要方向。套筒灌浆连接作为装配式结构施工的重要环节，直接决定着结构是否安全可靠。

#### 3.5.1.1 工艺原理

在工厂预制竖向构件过程中，将套筒预埋于构件底部与主体结构连接处。构件运送到施工现场后，吊装至设计位置并用临时支撑固定。将拌和完毕的灌浆料注入套筒内，与预

3-6 钢筋套筒灌浆连接技术

留钢筋进行连接。待灌浆料达到一定强度时，拆除临时支撑，完成竖向预制构件和主体结构的连接。

#### 3.5.1.2 技术特点

① 促进装配式结构安全发展。套筒灌浆连接作为装配式结构施工的一项重要环节，其科学合理施工是促进装配式产品标准化、模数化的关键因素。

② 科学分仓，规范施工。合理划分连通灌浆仓位，保证灌浆充实饱满。

③ 保证安全，提高施工速度。规定在灌浆料达到设计强度的 75% 以上且灌浆料及坐浆料同条件养护试件强度不低于构件强度时方可拆除临时支撑，保证结构安全施工的同时，也提高了施工速度。

#### 3.5.1.3 适用范围

适用于装配整体式混凝土结构中，预制墙板或预制柱等竖向构件与结构套筒灌浆连接施工。

连接套筒采用优质钢，两端均为空腔，将带肋钢筋插入内腔带沟槽的钢筋套筒，然后灌入专用高强、无收缩灌浆料，达到高于钢筋母材强度的连接效果。图 3-5-1、图 3-5-2 分别为半灌浆套筒结构和全灌浆套筒结构。

图 3-5-1　半灌浆套筒结构

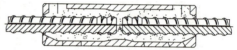

图 3-5-2　全灌浆套筒结构

#### 3.5.1.4 工艺流程及操作方法

（1）施工准备

准备灌浆料（打开包装袋检查灌浆料应无受潮结块或其他异常）和清洁水；准备施工器具；如果夏天温度过高，准备降温冰块，冬天准备热水。

（2）制备灌浆料基本流程（见图 3-5-3）

① 称量灌浆料和水。严格按照本批产品出厂检验报告要求的水料比（比如 11%，即为 11g 水 +100g 干料），用电子秤分别称量灌浆料和水，也可用刻度量杯计量水。

② 第一次搅拌，料浆料杯精确加水。先将水倒入搅拌桶，然后加入约 70% 料，用专用搅拌机搅拌 1～2min 使大致均匀。

③ 第二次搅拌，将剩余料全部加入，再搅拌 3～4min 至彻底均匀。

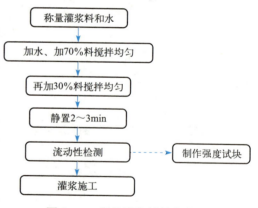

图 3-5-3　制备灌浆料基本流程

④ 搅拌均匀后，静置 2～3min，使浆内气泡自然排出后再使用。

⑤ 流动度检验。每班灌浆连接施工前进行灌浆料初始流动度检验，记录有关参数，流动度合格方可使用。检测流动度环境温度超过产品使用温度上限（35℃）时，须做实际可操作时间检验，保证灌浆施工时间在产品可操作时间内完成，如图 3-5-4 所示。

⑥ 现场强度根据需要进行现场抗压强度检验。制作试件前浆料也需要静置 2～3min，

使浆内气泡自然排出。检验试块要密封后现场同条件养护，如图 3-5-5 所示。

图 3-5-4　流动度检验

图 3-5-5　现场抗压强度检验

（3）施工灌浆基本流程（见图 3-5-6）

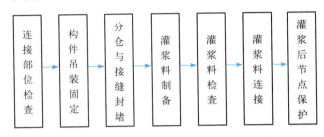

图 3-5-6　施工灌浆基本流程

① 灌浆孔和出浆孔检查：在正式灌浆前，采用空气压缩机逐个检查各接头的灌浆孔内有无影响浆料流动的杂物，确保孔路畅通。

② 施工灌浆

a. 通过工程项目的实践，采用保压停顿灌浆法施工能有效节省灌浆料，避免施工浪费，保证施工质量。用灌浆泵（枪）从接头下方的灌浆孔处向套筒内压力灌浆，特别注意正常灌浆料要在自加水搅拌开始 20～30min 内灌完，以尽量保留一定的操作应急时间。

b. 灌浆孔与出浆孔出浆封堵，采用专用塑料堵头（与孔洞配套），操作中用螺丝刀（螺钉旋具）顶紧。在灌浆完成、浆料凝固前，应巡视检查已灌浆的接头，如有漏浆及时处理。

③ 接头充盈检查：灌浆料凝固后，取下排浆孔封堵胶塞，检查孔内凝固的灌浆上表面，应高于或等于排浆孔下缘 5mm，如图 3-5-7 所示。

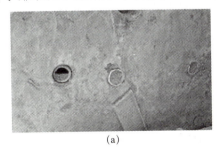
(a)

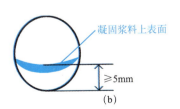
(b)

图 3-5-7　接头充盈检查

（4）质量标准及检测办法

如果在构件厂检验灌浆套筒抗拉强度时，采用的灌浆料与现场所用一样，试件制作也是模拟施工条件，那么，该项试验就不需要再做，否则就要重做。

检查数量：同一批号、同一类型、同一规格的灌浆套筒，检验批量不应大于1000个，每批随机抽取3个灌浆套筒制作中接头。

检验方法：有资质的实验室进行拉伸试验。

### 3.5.1.5 安全措施

① 对灌浆操作施工的人员，必须进行专项技术培训和安全教育，使其了解该新型材料的施工特点，熟悉规范的有关条文和本岗位的安全技术操作规程，考核合格后方能上岗工作，主要施工人员应相对固定。

② 灌浆施工中必须配备具有安全技术知识、熟悉规范的专职安全、质量检查员。

③ 灌浆料拆除时，材料必须无受潮起块现象，并达到操作规则要求值。

### 3.5.1.6 节点部位灌浆套筒连接示例

① 用于预制混凝土剪力墙（见图3-5-8）。

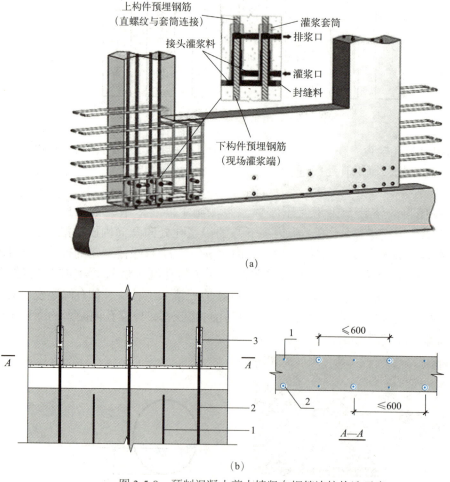

图3-5-8 预制混凝土剪力墙竖向钢筋连接构造示意
1—不连接的竖向分布钢筋；2—连接的竖向分布钢筋；3—连接套筒

② 用于预制混凝土框架柱（见图3-5-9）。
③ 用于预制混凝土框架梁（见图3-5-10）。

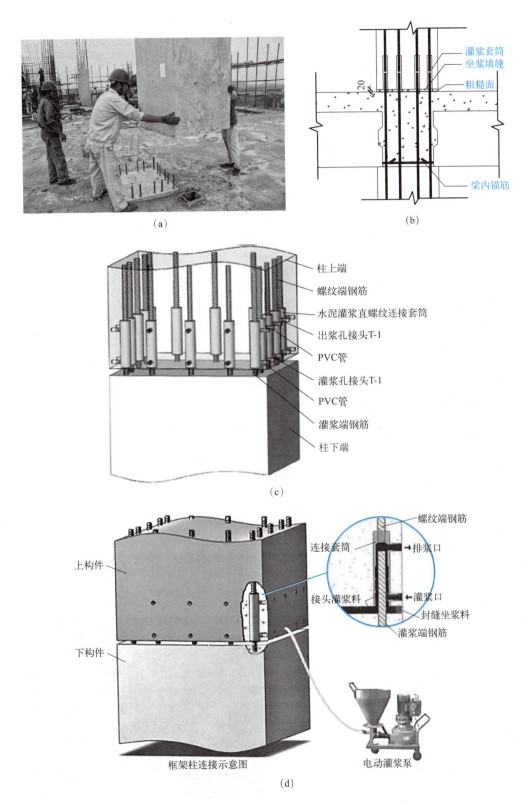

图 3-5-9 预制混凝土框架柱竖向钢筋连接构造示意

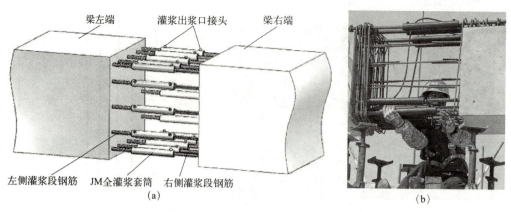

图 3-5-10 预制混凝土框架梁水平钢筋连接构造示意

### 3.5.2 铝模板连接施工

铝模板自重轻，装配周转方便，结构成型效果好，在国外，如美国、加拿大已成功推广了 10 年之久，目前在工程项目施工中引进并得到充分运用，获得了良好的效益。通过工程实践并不断总结完善，形成了一套完整的铝模板施工方法。

（1）特点

① 铝模板由工厂按施工图进行深化配板，采用铝板型材制作，铝板自重轻，模板受力条件好，不易变形走样，便于混凝土机械化、快速施工作业。

② 铝模板以标准板加上局部非标准板配置，并在非标准板上编号，相同构件的标准板可以混用，拼装速度快。

③ 铝模板拆装时操作简便，拆卸安装速度快。模板与模板之间采用定型的销钉固定，安装便捷。

④ 铝模板拆除后混凝土表面质量好，可确保模板安装平整牢固，确保混凝土表面能达到与混凝土构件相同的清水混凝土效果。

⑤ 铝模板技术含量高、实用性强、周转次数多（理论上达到 300 次），能显著降低工程模板费用，缩短工程施工工期，经济效益、社会效益显著，具有广阔的应用前景。

（2）适用范围及工艺原理

适用所有装配式结构类型建筑，表观质量要求达到清水混凝土效果的节点、模板工程。

以高强度的铝合金型材为背楞，与铝板组成定型的铝模板，模板与模板之间通过特制的销钉固定，因现浇节点的铝模板与 PC 预制墙板、预制叠合楼板模板组成了一个具备一定刚度的整体，铝模板在 36h 后即可拆除。

由于该体系（见图 3-5-11）能定型、刚度高，在混凝土浇筑的过程中基本上不

图 3-5-11 铝模板体系

会有变形,浇筑完成后混凝土构件成型好,尺寸精确,表观成型质量好,完全能达到清水混凝土的效果。

(3)工艺流程及操作方法

①施工准备

a. PC 结构墙板现浇节点钢筋绑扎完毕,各专项工程的预埋件已安装完毕并通过了隐蔽验收。

b. 作业面各构件的分项工作已妥当完成并完成复核。

c. 墙根部位的标高要保证,否则会导致模板无法安装,高出的部分及时凿除并调整至设计标高。

d. 按装配图检查施工区域的铝模板及配件是否齐全,编号是否完整。

e. 墙柱模板板面应清理干净,均匀涂刷水性的模板隔离剂。

②安装。通常按照"先内墙,后外墙""先非标板,后标准板"的要领进行安装作业。

a. 墙板节点铝模板安装:按编号将所需的模板找出清理,刷水性模板隔离剂后摆放在墙板的相应位置,复合墙底脚的混凝土标高后,穿套筒及高强螺栓,依次用销钉将墙模与踢脚板固定(墙柱的悬空面、内面不需要)后,再用销钉将墙模与墙模固定,如图 3-5-12 所示。墙模板安装完后,吊挂垂直线检测其垂直度,将其垂直度调整至规范范围内。图 3-5-13 为节点铝模墙板的安装图。

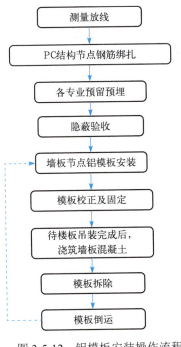

图 3-5-12 铝模板安装操作流程

图 3-5-13 节点铝模墙板安装图

b. 模板校正及固定:模板安装完毕后,对所有的节点铝模墙板进行平整度与垂直度的校核。校核完成后在墙柱模板上加特制的双方钢背楞并用高强螺栓固定。

c. 混凝土浇筑:校正固定后,检查各接口缝隙情况,超过规定要求的必须粘贴泡沫塑料条防止漏浆。楼层混凝土浇筑时,安排专门的模板工在作业层下进行留守看模,以解决混凝土浇筑时出现的模板下沉、爆模等突发问题。

PC 结构分两次浇筑，因铝模板是金属模板，夏天高温天气混凝土浇筑时应在铝模板上多浇水，防止铝模板温度过高造成拆模后表面起皮、混凝土中的气泡不便排出的现象；为避免混凝土表面出现麻面，在混凝土配比方面进行优化，减少气泡的产生；另外在混凝土浇筑时加强作业面混凝土工人的施工监督，避免出现因漏振、振捣时间短导致的局部气泡未排尽的情况。

d. 模板拆除（见图 3-5-14）：严格控制混凝土的拆模时间，拆模时间应能保证拆模后墙体不掉角、不起皮，必须以同条件试块实验为准，混凝土拆模的依据以同条件试块强度达到 3MPa 为准（普通混凝土拆模强度 1MPa）。

拆除时要先均匀撬松、再脱开。拆除时零件应集中堆放，防止散失；拆除的模板要及时清理干净和修整，拆除下来的模板必须按顺序平整地堆放好。

图 3-5-14　拆模

（4）质量标准及检测办法

见表 3-5-1 安装尺寸允许偏差及检验方法。

表 3-5-1　安装尺寸允许偏差及检验方法

| 项次 | 项目 | 允许偏差/mm | 检验方法 |
| --- | --- | --- | --- |
| 1 | 模板表面平整 | ±2 | 用 2m 靠尺和楔尺检查 |
| 2 | 相邻两板接缝平整 | 1 | 用不锈钢靠尺和手摸 |
| 3 | 轴线位移 | ±2 | 经纬仪和拉线 |
| 4 | 截面尺寸 | +2,-3 | 钢卷尺量 |
| 5 | 垂直度 | 3 | 线坠和经纬仪 |

（5）安全措施

① 对灌浆操作施工的人员，必须进行专项技术培训和安全教育，使其了解该新型材料的施工特点，熟悉规范的有关条文和本岗位的安全技术操作规程，并通过考核合格后方能上岗工作，主要施工人员应相对固定。

② 灌浆施工中必须配备具有安全技术知识、熟悉规范的专职安全、质量检查员。

③ 灌浆料拆除时，材料必须无受潮起块现象，达到操作规则要求值。

④ 安装模板时至少要两人一组或成双安装。

⑤ 模板在拆除时应轻放、堆叠整齐，以防止模板变形。
⑥ 必须按规程要求对模板进行清理，变形严重时及时清理或重新配板。

### 3.5.3 后续现浇施工

（1）钢筋工程施工

钢筋绑扎。楼板、阳台等构件吊装安装完成后，进行上部钢筋的安装绑扎，同时进行水电等相关预埋件的安装。

（2）模板工程施工

PC部分模板，可考虑采用常规木模，墙体支撑体系利用斜抛撑及对拉全螺纹螺栓。其中叠合楼板区域支撑体系也采用工具式组合钢支撑，该区域利用叠合楼板特点，无须进行楼板铺设。

（3）混凝土工程施工

工程PC楼板及墙板浇筑按常规混凝土施工方法进行，施工中应注意以下几点：

① 监理工程师及建设单位工程师复检合格后，方能进行梁、柱交接口和板的混凝土浇筑。
② 混凝土浇筑前，清理梁柱交接口内及板上的杂物，并向梁、柱交接口内和板上洒水，保证梁、柱交接口和板表面充分湿润，但不宜有明水。
③ 建议采用流动性较好的混凝土浇筑，从原材料上保证混凝土的质量。
④ 浇筑时要振捣到位，严禁出现蜂窝、麻面。

## 3.6 成品保护

### 3.6.1 剪力墙成品保护

① 外墙板进场后，应放在插放架内。
② 运输、吊装操作过程中，应避免外墙板损坏。如已有损坏，应及时修补。
③ 外墙板就位时要尽量准确，安装时防止生拉硬撬。
④ 安装外墙板时，不得碰撞已经安装好的楼板。
⑤ 隔墙板堆放场地应平整、坚实，不得有积水或沉陷。板应在插放架内立放，下面垫木板或方木，防止折断或弯曲变形。
⑥ 隔墙板运输和吊卸过程中，应采取措施防止折裂。
⑦ 安装设备管道需在板上打孔穿墙时，严禁用大锤猛击墙板，严重损坏的墙板不应使用。

### 3.6.2 叠合板成品保护

① 叠合板的堆放及堆放场地应严格按规范要求执行。
② 现浇墙、梁安装叠合板时，其混凝土强度要达到4MPa时方准施工。
③ 叠合板上的甩筋（锚固筋）在堆放、运输、吊装过程中要妥善保护，不得反复弯曲和折断。
④ 吊装叠合板，不得采用"兜底"、多块吊运的方式，应按预留吊环位置，采用八个点

同时单块起吊的方式。吊运中不得冲撞叠合板。

⑤ 硬架支撑系统板的临时支撑应在吊装就位前完成。每块板沿长向在板宽中间加设通长木楞作为临时支撑。所有支柱均应在下端铺垫通长脚手板，且脚手板下为基土时，要夯实，整平。

⑥ 不得在板上任意打洞，板上如需要打洞时，应用机械钻孔，并按设计和图集要求做相应的加固处理。

### 3.6.3 楼梯成品保护

① 楼梯段、休息板应采取正向吊装、运输和堆放。构件运输和堆放时，垫木应放在吊环附近，并高于吊环，上下对齐。垃圾道宜竖向堆放。

② 堆放场地平整夯实，下面铺垫板。楼梯段每垛堆放不宜超过 6 块，休息板每垛不超过 10 块。

③ 楼梯安装后，应及时将踏步面加以保护，避免施工中将踏步棱角损坏。

④ 安装休息板及楼梯段时，不得碰撞两侧砖墙或混凝土墙体。

### 3.6.4 其余保护措施

① 装配整体式混凝土结构施工完成后，竖向构件阳角、楼梯踏步口宜采用木条（板）包角保护。

② 预制构件现场装配全过程中，宜对预制构件原有的门窗框、预埋件等产品进行保护，装配整体式混凝土结构质量验收前不得拆除或损坏。

③ 预制外墙板饰面砖、石材、涂刷等装饰材料表面可采用贴膜或用其他专业材料保护。

④ 预制楼梯饰面砖宜采用现场后贴法施工，采用构件制作先贴法时，应采用铺设木板或其他覆盖形式的成品保护措施。

⑤ 预制构件暴露在空气中的预埋铁件应涂抹防锈漆。

## 能力训练题

**一、单选题**

1. 预制剪力墙结构体系使用较多的竖向钢筋连接是（　　），降低了套筒的使用数量，也降低了综合成本。

　　A. 底部预留后浇区连接　　　　　　B. 套筒灌浆连接
　　C. 螺旋箍筋约束浆锚搭接连接　　　D. 金属波纹管浆锚搭接连接

2. 板吊至柱上方（　　）后，调整板位置使板锚固筋与梁箍筋错开，便于就位，板边线基本与控制线吻合。

　　A. 10～20cm　　B. 20～30cm　　C. 30～50cm　　D. 50～60cm

3. 装配式混凝土构件的生产流程如下：模具布置→钢筋布置→（　　）→混凝土养护→脱模→成品检验。

　　A. 预埋件布置→混凝土浇筑　　　　B. 混凝土浇筑→预埋件布置
　　C. 预埋件布置→模具拆除　　　　　D. 模具拆除→预埋件布置

4. 在进行预制构件的吊装时，吊装人员一定要严格地按照相关的吊装设计图来进行连接起吊，并且要确保吊装的过程中吊装的绳索与构件的水平夹角在（　　）以上。

　　A. 30°　　　　　　B. 45°　　　　　　C. 60°　　　　　　D. 90°

5. 预制构件吊装校正，可采用（①就位②起吊③初步校正④精细调整）的作业方式，先行吊装预制外墙板，安装时与楼层应设置临时支撑。（　　）

　　A. ①②③④　　　B. ②①③④　　　C. ①②④③　　　D. ②①④③

6. 墙体吊装（　　）方可进行梁面筋绑扎，否则将阻碍墙锚固钢筋深入梁内。

　　A. 前　　　　　　B. 后　　　　　　C. 同时　　　　　　D. 前或后

7. 墙体如果是水平装车，起吊时应先在墙面安装吊具，将墙水平吊至地面后将吊具移至墙顶，在墙底铺垫轮胎或橡胶垫，进行墙体翻身使其（　　），这样可避免墙底部边角损坏。

　　A. 垂直　　　　　B. 水平　　　　　C. 倾斜　　　　　D. 呈一定角度

8. 预制外墙板相邻两板之间的连接，可设置预埋件焊接或螺栓连接形式，在外墙板上、中、下各设（　　）个连接端点，控制板与板之间的位置。

　　A. 4　　　　　　B. 3　　　　　　C. 2　　　　　　D. 1

9. 在构件吊装的过程中，首先应当将构件起吊（　　）左右的高度，然后保持在这一高度进行调整，确保构件的水平。

　　A. 15cm　　　　B. 20cm　　　　C. 25cm　　　　D. 30cm

10. 下列哪种不是柱校正的内容？（　　）

　　A. 标高　　　　B. 垂直度校正　　　C. 柱身偏斜　　　D. 平面定位轴线

11. 下列选项中预制叠合楼板的安装和节点处理方法正确的是（　　）。

A. 楼板管线排布深化设计→叠合板安装准备→弹控制线→楼板支撑体系施工→叠合板起吊就位→校正→机电线盒、管线安装→叠合层钢筋铺设→叠合层混凝土浇筑

B. 楼板管线排布深化设计→弹控制线→叠合板安装准备→楼板支撑体系施工→叠合板起吊就位→校正→机电线盒、管线安装→叠合层钢筋铺设→叠合层混凝土浇筑

C. 楼板管线排布深化设计→叠合板安装准备→弹控制线→楼板支撑体系施工→叠合板起吊就位→机电线盒、管线安装→校正→叠合层钢筋铺设→叠合层混凝土浇筑

D. 叠合板安装准备→楼板管线排布深化设计→弹控制线→楼板支撑体系施工→叠合板起吊就位→校正→机电线盒、管线安装→叠合层钢筋铺设→叠合层混凝土浇筑

12. 吊装中、小型柱子、宜采用的吊升方法是（　　）。

　　A. 滑行法　　　B. 双机抬吊　　　C. 两点抬吊　　　D. 旋转法

13. 竖向构件吊装就位后立即安装斜支撑，每竖向构件不少于2根斜支撑进行固定，斜支撑安装在竖向构件的同一侧面，斜支撑与楼面的水平夹角不应小于（　　）。

　　A. 30°　　　　　B. 45°　　　　　C. 60°　　　　　D. 75°

14. 下列选项中装配式结构预制构件制作流程正确的是（　　）。

A. 材料的进场→模台的清理→模具安装并刷脱模剂→预埋件的放置→钢筋与吊环的放置与绑扎→桁架的放置与绑扎→质量检测→混凝土的浇筑与振捣→质量检测→混凝土的养护

B. 材料的进场→模台的清理→模具安装并刷脱模剂→预埋件的放置→桁架的放置与绑扎→钢筋与吊环的放置与绑扎→质量检测→混凝土的浇筑与振捣→质量检测→混凝土养护

C. 模台的清理→材料的进场→模具安装并刷脱模剂→预埋件的放置→钢筋与吊环的放置

与绑扎→桁架的放置与绑扎→质量检测→混凝土的浇筑与振捣→质量检测→混凝土的养护

D. 材料的进场→模台的清理→模具安装并刷脱模剂→钢筋与吊环的放置与绑扎→桁架的放置与绑扎→预埋件的放置→质量检测→混凝土的浇筑与振捣→质量检测→混凝土的养护

15. 对采用靠放架立放的构件，宜对称靠放且外饰面朝外，其倾斜角度应保持大于（　　），构件上部宜采用木垫块隔离。

A. 45°　　　　　　B. 60°　　　　　　C. 75°　　　　　　D. 80°

16. 现场拼装柱模时，应设临时支撑固定，斜支撑与地面的倾角宜为（　　）。

A. 45°　　　　　　B. 60°　　　　　　C. 75°　　　　　　D. 80°

17. 下列选项中不属于框架－支撑结构体系可以增加框架结构性能的是（　　）。

A. 承载力　　　　　B. 耗能能力　　　　C. 弹塑性　　　　　D. 刚度

18. 预制框架－现浇剪力墙中，对于较大跨度的梁易造成吊装下落困难，应尽量避免（　　）。

A. 双节点梁　　　　B. 多节点梁　　　　C. 单节点梁　　　　D. 无节点梁

## 二、多选题

1. 在吊运过程中从构件在空中的位置，可把吊装分为（　　）。

A. 斜吊　　　　　　B. 平吊　　　　　　C. 直吊　　　　　　D. 翻转吊

E. 以上均不符合题意

2. 浆锚搭接连接方式包括（　　）。

A. 采用预留孔洞插筋后灌浆的间接搭接连接

B. 金属波纹管浆锚搭接连接

C. 螺旋箍筋约束浆锚搭接连接

D. 套筒灌浆连接

E. 以上均不符合题意

3. 预制剪力墙体系中，以竖向钢筋连接技术为主要区别的是（　　）。

A. 套筒灌浆连接的预制剪力墙　　　　B. 浆锚搭接连接的预制剪力墙

C. 底部预留后浇区的预制剪力墙　　　D. 全预制装配整体式剪力墙

E. 以上均不符合题意

4. 预制混凝土框架结构按连接方式分为两类，分别是（　　）。

A. 等同现浇结构（刚性连接）　　　　B. 机械连接

C. 焊接　　　　　　　　　　　　　　D. 不等同现浇结构（柔性连接）

E. 以上均不符合题意

5. 下列选项中属于预制装配剪力墙结构多个工程实践与探索形成的共识点的是（　　）。

A. 楼梯的预制值得肯定，可以节省大量的施工人工

B. 外墙板保温装饰一体化值得重视

C. 带钢筋桁架非预应力叠合板，表面拉毛处理

D. 预应力薄板叠合板，表面无须扫毛处理

E. 以上均不符合题意

6. 下面选项中属于PC装配式剪力墙结构技术应用优势的是（　　）。

A. 大幅度地提高劳动生产效率　　　　B. 大大缩短了生产周期、安装周期
C. 受工程作业面和气候的影响　　　　D. 全面提升住宅综合品质
E. 以上均不符合题意

### 三、判断题（正确的后面写"Y"，错误的写"N"）

1. 预制构件吊装应采用慢起、快升、缓放的操作方式，预制外墙板宜采用由上而下插入式安装形式，保证构件平稳放置。（　　）

2. 梁吊至柱上方20～30cm后，调整梁位置，使梁筋与柱筋错开，便于就位，梁边线基本与控制线吻合。（　　）

3. 装配式建筑是用预制构件、部品部件在工地装配而成的建筑。（　　）

4. 多层剪力墙结构设计时，3层以上设叠合楼板，3层以下可使用全预制楼板。（　　）

5. PC构件之间的连接分为干式连接和湿式连接，前者通过钢筋连接、后浇混凝土或灌浆结合为整体，后者通过预埋件焊接或螺栓连接、搁置、销栓等方法。（　　）

6. 对预制剪力墙体系而言，剪力墙竖向钢筋的连接是极为关键的。（　　）

7. 预制叠合楼盖的预制板厚度不宜小于60mm，现浇层厚度不应小于60mm。（　　）

8. 预制构件装卸点应在塔式起重机或起重设备的塔臂覆盖范围之内，且宜设置在道路上。（　　）

# 模块 4

# 装配式混凝土建筑施工信息化应用技术

**知识目标**：熟悉 BIM 技术在预制构件生产、现场施工中应用，熟悉 BIM 技术在装配式建筑组织时的实施模式。

**能力目标**：能够应用 BIM 技术对预制构件进行生产、施工，同时能进行科学组织和管理。

**素质目标**：培养优化意识、安全意识、科学意识。

## 任务介绍

某地块定向安置房项目位于地块南侧至规划地块西一号路东、西及北侧；总用地面积 6691.2m²，拟建 4 栋 9～16 层装配式钢筋混凝土结构住宅：总建筑面积 31685.49m²，其中地上建筑面积 20055.49m²，地下建筑面积为 11630.00m²；绿地率 30%，容积率 3.0。

现已经进入预制构件 BIM 技术使用阶段。

## 任务分析

结合不同构件生产、施工特点，根据现场实际情况，利用 BIM 技术对预制构件生产、施工和组织管理进行优化。

## 4.1 BIM 技术及无线射频识别技术

### 4.1.1 BIM 技术概述

建筑信息模型（BIM）是以三维方式展现建筑物，并在三维建筑模型中以数据信息作为支持，使模型与实际工程项目相联系，通过三维数字模型模拟建筑物的真实情况。依托于信息建立起来的 BIM 模型，更好地适用于建设项目的全寿命周期管理，包括项目前期决策阶

4-0 素质拓展 5

段、项目施工阶段、物业管理阶段和报废回收阶段，为项目各参与方提供高效协同平台，减少项目实施过程中因不同步而造成的损失。

### 4.1.2 无线射频识别综述

无线射频识别技术（RFID）是一种无线通信技术，可以通过无线电信号识别特定目标并读写相关数据，无须识别系统与特定目标之间建立的机械连接或者光学接触。

4-1 BIM 技术在装配式建筑中的应用——BIM 技术

（1）无线射频识别技术组成

射频识别技术主要由应答器、阅读器以及相应的软件支持系统组成。

应答器主要用来进行信息存储及身份标识，是附着于标识物上的元器件。阅读器是对应答器进行信息读写的设备。应用软件系统主要是用来支持硬件和收集、处理信息的软件系统。

（2）无线射频识别技术优势

在 RFID 的应用中其优势主要有：读取方便快捷，无须外物辅助，受环境影响小；识别速度快，在读取范围内做到快速、批量识别；存储容量大，为信息的存储提供足够空间；使用寿命长，应用范围广；数据可修改性强，支持手持设备随时修改信息；支持密码设置，安全性高；动态实时通信，有利于追踪与监控。

### 4.1.3 编码技术综述

为了对装配式混凝土结构中的每个构配件进行精确管理，需要对每个构配件进行唯一识别，这就需要对构配件进行命名，这个命名的过程也就是对构配件进行唯一身份 ID 编码的过程。

在 BIM 规范中最早涉及编码应用的是由中国香港房屋署编制的 BIM 手册。在手册中将命名方式分为 8 个部分，8 个部分下又包含着 24 个字符，如图 4-1-1 所示。

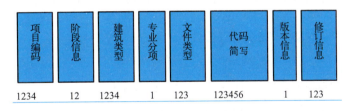

图 4-1-1　编码体系

根据一定的编码规则进行命名，根据名称可以马上读出构配件信息。

如：　　　　　　　　　　AZ21--BLKAS-T-2F------

其中　AZ21——项目名称的书写；

　　　BLKA——建筑类型编号；

　　　　　S——专业分项编号，S 代表结构专业；

　　　　-T——临时文件；

　　　　2F——文件描述；

　　　　 -——此项为空。

借鉴中国香港房屋署的命名规则可以对构配件进行命名设计。

在装配式建筑的施工管理过程中，涉及大量构配件的使用，在构配件的生产制造阶段，需要对构配件植入 RFID 标签，标签内包含构配件单元的各种信息，以便于在运输、存储、施工吊装的过程中对构配件进行管理，如表 4-1-1 所示，RFID 标签的编码原则如下。

表 4-1-1 构配件编码示意

| 项目代码 | 水平位置 | 竖直位置 | 构配件类型 | 数量信息 | 扩展区 |
|---|---|---|---|---|---|
| $A_1 A_2 A_3$ | $A_4 A_5$ | $A_6 A_7$ | $A_8 A_9 A_{10}$ | $A_{11} A_{12}$ | $A_{13} A_{14}$ |
| 装配式建筑施工工地位置 | 构配件的水平位置 | 构配件的垂直位置 | 构配件的类型属性 | 构配件的数量信息 | 构配件的补充信息 |

① 唯一性，在整个装配式建筑中，涉及大量的构配件，为了区分不同的构配件以及相同构配件的不同使用位置，必须确保与构配件相对应的编码唯一性，使编码作为构配件的"身份 ID"，在生产、运输、吊装施工过程中能被准确识别。因此，唯一性是构配件编码工作最重要的一条准则。

② 可扩展性，为了防止在使用过程中出现其他应急情况，必须保证编码的可扩展性，预留扩展区域。

编码 1 ~ 3 位，表示装配式建筑施工工地代码，用以区分相互独立的不同项目，可取工程的简称，也可由用户自己决定；编码 4 ~ 7 位，表示位置，从水平和竖直角度准确定位构配件的位置，表示项目中构配件的具体类型；编码 8 ~ 10 位用来表示构配件的类型；编码 11、12 位，表示相同属性构配件的数量信息；编码 13、14 位，可作为数据编码的扩展区，用以对前面数据的不足之处做补充，不需补充的可设为 00 空码。

构配件编码体系在设计过程中没有硬性规定，根据建筑项目实际情况优化选择。即使是在同一个项目中也要根据实际情况进行修正，以满足后续数据采集的需要。

## 4.2 构配件的 BIM 应用

在装配式建筑的构配件生产过程中，将原来在施工现场进行的工作转移到工厂的生产车间，这将提高生产（建造）速度，缩短建造工期；同时借鉴制造业成熟的生产制造系统，有助于提高构配件的生产效率和生产质量，降低生产成本和事故发生率，有利于整个施工项目的顺利完成。

装配式混凝土结构工程项目不同于一般的制造业生产过程，它面对着每个构配件在生产、运输、组装等不同阶段须位于不同场所的要求，以及考虑到单件构配件的体积及重量，需要一套与之相适应的信息化管理系统；BIM 技术很好地解决了这一问题，如图 4-2-1 所示。

构配件在工厂的生产制造需要和施工现场的施工情况相结合，加强工厂与现场间的协调管理。BIM 平台作为构配件信息虚拟存储平台，为各方信息交流提供了通道，而位于构配件中的 RFID 芯片为各方对构配件的管理信息提供了存储功能，将现实中的构配件与 BIM 模型中的虚拟构配件进行了连接，沟通了现实与虚拟。

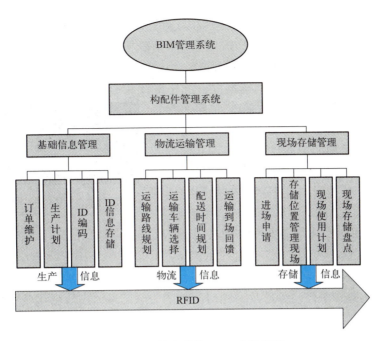

图 4-2-1 构配件的 BIM 应用管理

## 4.2.1 构配件生产制造阶段的 BIM 应用

相比于传统的建筑施工，装配式建筑的施工在制造工厂就已经开始。为保证每个构配件到现场都能准确地安装，不发生错漏碰缺，生产前需要利用 BIM 技术进行"深化"工作，也就是将每个构配件事先在 BIM 模型中进行虚拟生产以及组装，将二维图纸中存在的失误降到最低。经"深化"过程后的图纸发给制造工厂，作为生产依据。同时把可能发生在现场的冲突和碰撞在模型中进行消除，其质量管理流程如图 4-2-2 所示。

4-2 BIM 技术在装配式建筑中的应用—BIM 技术在生产阶段应用

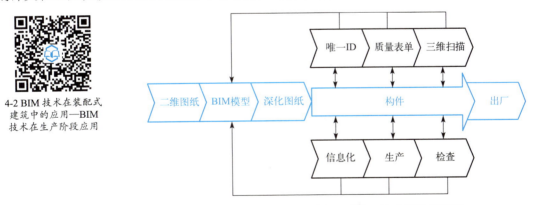

图 4-2-2 制造工厂构配件质量管理流程

设计人员在深化设计阶段，通过 BIM 软件建立构配件的三维模型数据库，并对构配件模型进行碰撞优化，不仅可以发现构配件之间是否存在干涉和碰撞，还可以检测构配件的预埋钢筋之间是否存在冲突和碰撞，根据反馈的碰撞检测结果，调整修改构件设计图纸，实际的构配件生产图纸与模型中的构配件通过 BIM 数据信息相联系，一旦对模型中虚拟的构配件进行了修改，通过 BIM 管理平台及时将数据信息传递，使工厂内与其相对应的构配件图纸自动实时更新。三维图纸除了能准确表达构配件外观信息外，同时对与构件内相关钢筋信息、预埋件信息也能做到准确表达，可直接用于指导构配件生产。图纸能够做到细致、实时、动态、精确，减少因设计造成的质量隐患。

通过了图纸会审和三维可视化技术进行优化设计和碰撞检查后的三维数据模型，将其中需要工厂生产的构配件信息通过 BIM 信息平台直接下发到工厂，减少信息传递的中间环节，避免信息由于传递环节的增加而造成信息流失，从而导致管理的失误。工厂利用得到的三维模型以及数据信息进行准确生产，减少因二维图纸传输过程中读图差异所导致的预制件生产准备阶段订单的质量隐患，确保预制件的精确加工。某构配件的三维设计模型如图 4-2-3 所示。

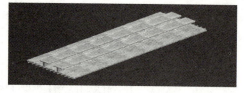

图 4-2-3　某构配件的三维设计模型

在构配件加工过程中，技术工人通过 RFID 芯片以及每个构配件的"身份 ID"，为后续构配件的有效管理提供支持。对构配件的材料信息进行写入，形成可追溯表单。将记录结果通过手持设备录入此构配件内部芯片，同时芯片的关联信息通过现场无线局域网传输进 BIM 模型，使模型中这一构配件数据实时更新。这样，项目的管理人员、业主以及工厂的管理人员可以随时通过 BIM 模型来查看构配件情况，以便实时对构配件进行控制。

在构配件生产完成时，使用三维扫描仪器进行最后质量检查，扫描构配件并使扫描得到的三维模型通过构配件内置芯片，实时上传 BIM 模型数据库；数据库接收数据后根据编码 ID 自动与模型内的设计构配件进行比对，使设计的模型数据和生产的构配件数据从虚拟和现实角度控制构配件质量。重点对构配件的外形尺寸、预埋件位置等进行检查比对，对不合格的构配件在模型中给予标志颜色显示，用以提醒质量管理者，同时下发指令，阻止缺陷构配件出厂，保证出厂构配件的质量。

### 4.2.2　构配件物流运输阶段的 BIM 应用

在构配件的生产运输阶段，运用 BIM 技术与 RFID 技术相结合，根据构配件的形状、重量，结合装配现场的实际情况，合理规划运输路线，灵活选择运输车辆，合理安排运输顺序。

#### 4.2.2.1　构配件物流运输过程中所考虑的因素

（1）运输成本

在构配件的运输过程中，首先需要考虑的就是成本问题。将现场浇筑的构配件由施工现场转移到制造工厂，首先增加的就是物流运输环节，又因为建筑构配件的特殊性，这势必会导致费用的增加，所以在进行构配件的物流运输时，应首先考虑成本问题，通过合理的运输规划，将构配件的运输成本降到最低。

（2）运输速度

由于建筑施工的特殊性，在建筑组织管理过程中，施工进度是在开工前就已经计划好的，在一点上稍有延误，将会影响到整个工序的后续工作，对整个建筑工期产生影响。所以需要通过物流规划来规划构配件的运输速度，以保证与现场的施工进度相适应。

（3）运输的一致性

运输的一致性是指具体的某一次的运输时间与平均的运输时间是否一致，是运输可靠性的反映。同样由于构配件的运输需要与施工工地进行协调，所以需要构配件运输的可靠性，也就是构配件运输的一致性。

#### 4.2.2.2 模拟运输

基于 BIM 和 RFID 强大的技术支持，使 BIM 模型中存储的虚拟构配件与现实中的构配件在形状、尺寸，甚至质量等信息上都保持一致，这就为模拟运输提供了条件。在进行构配件现实运输前，首先在计算机虚拟环境中，将构配件的运输情况进行模拟，做到提前发现问题，比如在车辆的选择、构配件的排布上，甚至将 BIM 系统与城市交通网络相连接，直接将运输路线也提前规划好，将运输纳入施工现场的管理中，这将有利于保证运输的可靠性。

### 4.2.3 构配件现场存储阶段的 BIM 应用

构配件进入装配现场时，根据读取的构配件 ID，按照 BIM 中心给出的施工方案对构配件的使用位置、使用时间做出准确的判断，做到构配件的现场分布合理，以免发生二次搬运对构配件造成破坏。

#### 4.2.3.1 构配件在施工现场存储时考虑的因素

（1）存放位置

构配件入场时，首先要考虑的就是构配件的存放位置，存放位置遵循两个原则：一是基于构配件自身的考虑，根据构配件的使用位置及情况，综合确定构配件的存放位置，主要是以减少构配件入场后的二次搬运为主，减少在存储过程中因二次搬运对构配件造成的破坏；二是基于整体现场布置的考虑，构配件的存放位置不能对施工现场其他的如人流、施工机械的进出产生影响，从而影响施工进度。

（2）存放环境

构配件在施工过程中对精度要求相对较高，所以在存储过程中要保持构配件的存储质量，如构配件中存在预埋件时，应适当地进行防潮防湿处理。为了便于构配件的使用，存储现场应对场地进行硬化处理，适当放坡；在存放过程中保持构配件与地面、构配件之间存在一定空隙，保持通风顺畅，现场干燥。

（3）专人看护

在构配件的存储过程中应有专人进行看护，做到每天对构配件进行早晚库存盘查，并通过手持 RFID 阅读器，将每天的库存盘查情况实时上传到 BIM 中心，做到与虚拟环境中的构配件实时互动，为现场施工方案的修正提供辅助信息。

#### 4.2.3.2 模拟现场布置

在施工现场向构配件制造工厂发出物流运输请求的同时，根据虚拟环境下构配件的物理信息，提前对构配件进行虚拟现场布置存储模拟，按照施工现场实际情况对构配件存储进行预演，为下一步的构配件进场扫清障碍，由粗放式的建筑工地向精细化管理迈进。

## 4.3 基于 BIM 的装配式建筑现场施工应用

### 4.3.1 基于 BIM 的施工现场布置管理

根据施工现场要求以及工作量大小，选取合适的施工机械，同时对现场临时设施进行合理规划，减少后期施工过程中临时设施的拆卸，有效节省施工费用，减少施工浪费，提高施工效率。可对项目塔吊、场地、各建筑物、施工电梯及二次砌体等进行模拟，方便施工人员熟悉相关施工环境及根据施工场地特点因地制宜地对场地进行合理的布置，并可对脚手架、二次砌体以及临时设施进行计算，如图 4-3-1 所示。

通过施工现场布置模拟，可以对施工现场进行有效平面布置管理，解决施工分区重叠，特别是在狭小施工项目中，显得尤为重要。BIM 技术作为一个管理平台，将拟建的建筑物、构筑物以及设备和需要的材料等预先进行模拟布置，对实际施工过程具有重要的指导意义。

图 4-3-1　基于 BIM 施工现场布置模拟

### 4.3.2　基于 BIM 的施工进度管理

应用 BIM 技术对施工项目进行进度管理时，可以通过施工模拟将拟建项目的进度计划与 BIM 模型相关联，使模型按照编制的进度计划进行虚拟建造，针对虚拟建造过程中出现的问题，随时修正项目建设的进度计划。通过三维动画方式预先模拟建设项目的建造过程，直观形象，有助于发现进度计划的不合理之处，在不浪费实际建造材料的情况下将施工进度计划予以优化。并且该技术支持多方案比较，在有多个施工计划时，可以按照每个进度计划进行模拟，比较进度计划的合理性。

4-3 BIM 技术在装配式建筑中的应用—BIM 技术在施工阶段应用

在施工过程中，将实际的施工进度输入 BIM 模型中，将实际进度与计划进度进行比较，当实际进度落后于计划进度时，模型中以红色显示，当实际进度超前时，则以绿色显示，如图 4-3-2 所示。并且在进度跟踪的基础上还可以将费用与进度相结合管理，形成施工过程的挣值曲线，对项目进度管理做到实时控制。

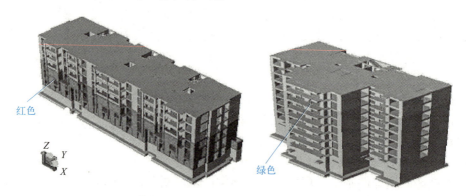

图 4-3-2　基于 BIM 的施工进度管理

### 4.3.3　基于 BIM 的施工成本管理

在项目施工前，根据 BIM 模型对工程量的自动计算，进而对建设项目形成成本预算，为实际施工过程中的造价管理提供参考依据，并且计算出的预算价格是在模型优化后得出的，大大提高了预算的准确性。同时在建设项目施工过程当中实时进行"三算"对比，利用 BIM 技术的可视化功能将模型相关的清单资料与成本项目进行对应，可以支持量、价指标分析。

在造价管理过程中，将材料管理纳入，实时分析材料的使用情况，将材料使用量进行对比分析，形成对材料的精细化管理（图 4-3-3），杜绝材料浪费，降低施工成本。

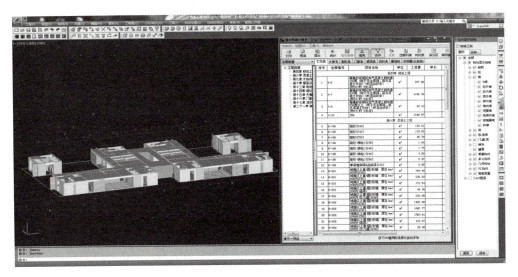

图 4-3-3　基于 BIM 的材料精细化管理

## 4.3.4　基于 BIM 的施工质量管理

在构配件运输到工地后，其质量管理流程如图 4-3-4 所示。在开工前通过对 3D 模型添加时间信息和质量信息形成 5D 模型，并针对 5D 模型进行全真模拟施工，通过提前施工模拟找出项目中的施工难点、质量问题易发工序等，将其作为质量控制点；将识别出来的质量控制点在 BIM 模型中重点标注，提醒现场工人进行质量重点监控。

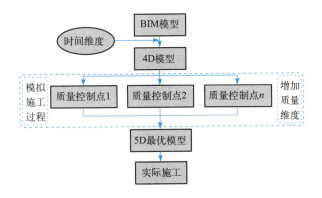

图 4-3-4　基于 BIM 的 5D 模型质量管理流程

在项目实施过程中，一线施工人员通过手持设备扫描构配件内置芯片，得到构配件安装位置、质量要求等。必要情况下支持调用构配件模拟施工过程，复杂节点三维可视化交底，直观、立体了解具体施工步骤，辅助现场施工，减少施工过程中因技术交底和通过图纸二维转三维时信息流失而造成的质量问题。

装配式混凝土结构施工现场的质量管理主要是通过物联网、RIFD 及 BIM 等工具实现的。质量管理人员通过手持客户端读取构配件芯片，手动将现场采集到的照片、视频及质量信息并同文字描述一起上传到 BIM 模型中，进行分析处理，同时保存处理痕迹，便于以后责任追溯。其过程如图 4-3-5 所示。

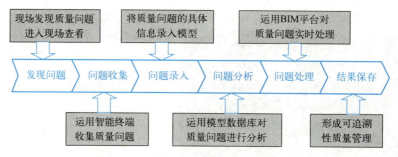

图 4-3-5 装配现场工程质量管理流程

通过 BIM 技术对遇到的质量问题进行分类汇总、统计存档，同时积累相似问题的处理方法以及处理流程，并将其反馈到施工管理的全过程中，以便在以后的建设项目中，在项目还没有施工时就对可能发生的质量问题进行预判，做到针对性预防，避免同一质量问题的重复发生，减少在后期施工过程中的差错，降低施工成本。不断在施工实践过程中对质量控制点进行补充，为项目后续施工应用以及在其他项目上的持续应用建立企业质量管理数据库，为以后项目施工质量的事前和过程控制提供强大的数据库支持。基于 BIM 的对装配式建筑事后总结性的质量管理流程如图 4-3-6 所示。

BIM 技术通过构建的数字化信息模型，三维可视，简单易懂，可以将其中的关键信息用三维模型展示，为构配件加工、安装提供准确尺寸，避免因信息误解产生质量隐患。同时 BIM 技术可以协同设计、协同管理，为项目各参与方提供信息传递平台，使信息沟通更加便捷，提升管理效率。

图 4-3-6 基于 BIM 的对装配式建筑事后总结性的质量管理流程

BIM 技术可明确质量责任追溯，装配式建筑施工在应用 BIM 技术进行管理过程中充分与 RIFD 等技术融合，将施工过程中用到的物料、构配件等质量信息，通过 RIFD 等传感器或二维码等，对现场施工作业产品进行追踪、记录和分析，实现自动化、智能化，减少了人为干预造成的质量问题，增强了质量信息的可追溯性，明确了质量责任。

对现场质量做到实时有效控制。在 BIM 模型应用于质量管理的过程中，现场质量管理人员可以随时将现场出现的问题加以记录，并通过网络实时反映到 BIM 模型中；其他质量管理人员则可以通过实时更新的 BIM 模型随时查看现场质量情况，实时掌握现场施工的不确定因素，做到对制造工厂以及装配现场的有效控制；通过对装配式建筑工程质量的实时动态监控，做到对重大质量问题的规避。BIM 模型作为整体和局部质量信息的载体，使项目进行质量动态控制和过程控制变得更加简易。

## 4.4 基于 BIM 的装配式建筑组织实施模式

### 4.4.1 基于 BIM 的装配式建筑管理模式

在设计基于 BIM 的装配式建筑施工应用管理模式前，首先应该对装配式施工项目应用 BIM 进行管理的实施思路有明确认识，在充分了解施工项目应用 BIM 管理流程的基础上，针对装配式建筑存在制造工厂与装配现场两个工作场地的特点，充分整合资源，方便施工过程各参与方协同进行施工管理，装配式建筑项目 BIM 管理实施思路如图 4-4-1 所示。

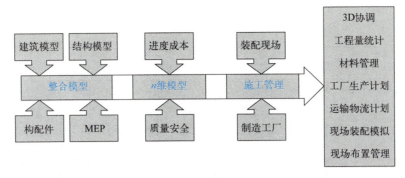

图 4-4-1　装配式建筑项目 BIM 管理实施思路

装配式建筑施工项目 BIM 管理的实施思路按实施进度主要包括四个步骤。

① 在实施管理初期，施工单位首先需要将设计院交付的二维图纸进行三维转换，将建筑图纸涉及的建筑、结构、MEP（管线）模型进行整合，消除设计缺陷。同时在模型整合过程中最主要的是根据图纸构建装配式建筑构配件信息库，使信息库中的构配件模型与实际使用过程中的模型精确匹配，用以保证在将构配件模型信息下发到构配件制造工厂时，模型信息的标准在误差允许范围内。

② 依托整合完成的三维 BIM 模型，将施工过程中的进度、成本、质量、安全等信息附加到三维 BIM 模型中，形成多维 BIM 模型，组成一个完整的 BIM 信息链，使施工管理各方可以通过搭建的 BIM 模型，随时随地查看各相关信息。

③ 在前两步的基础上，将建筑装配现场的施工组织方案与构配件制造工厂的生产计划通过 BIM 模型进行整合，使形成的施工方案更加科学合理，然后提供给项目各参与方，指导实际施工、生产。

④ 最后是成果输出阶段，根据形成的模型，可以在 BIM 模型中模拟出实际的装配过程，通过运用 BIM 平台辅助，将施工项目的工厂生产计划、运输物流计划、工程量统计、材料管理、现场装配模拟以及装配现场的现场布置管理输出，作为管理装配式建筑实际施工生产过程的依据。

### 4.4.2　基于 BIM 的装配式建筑施工应用管理

施工准备阶段涉及施工的前期组织管理及计划控制。施工阶段安排主要有生产计划、物流运输计划以及进度计划等，同时施工过程通过建立的 BIM 管理体系随时进行信息的反馈工作，及时地将各计划进行调整优化，如图 4-4-2 所示，达到一个最优的组织计划体系。

### 4.4.3　基于 BIM 的装配式建筑组织体系

#### 4.4.3.1　装配式建筑 BIM 应用工作流程

在装配式建筑中，主要是以构件为对象的施工管理；以构件为管理对象，实施一整套的工作流程，如图 4-4-3 所示。

#### 4.4.3.2　装配式建筑 BIM 应用组织架构

（1）装配式建筑 BIM 应用项目层面组织架构

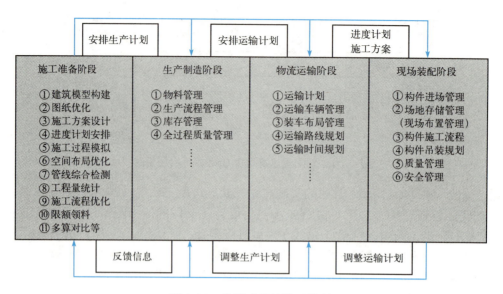

图 4-4-2 装配式建筑施工管理

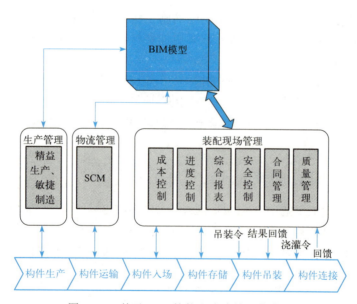

图 4-4-3 基于 BIM 的装配式建筑工作流程

针对现阶段基于 BIM 的装配式建筑的实际施工情况，设计以施工单位为主导的基于 BIM 的装配式建筑组织架构如图 4-4-4 所示。所有项目参与方围绕施工单位项目 BIM 中心展开工作，借助于 BIM 技术强大的管理平台，从施工现场到施工单位再到建设单位，做到信息的纵向及时传递，针对施工一线的情况及时掌握，进行有效控制。同时做到信息在设计单位、施工单位、利益第三方以及监理单位的纵向传播。提高组织的信息传递效率以及组织的管理效率，优化组织结构。

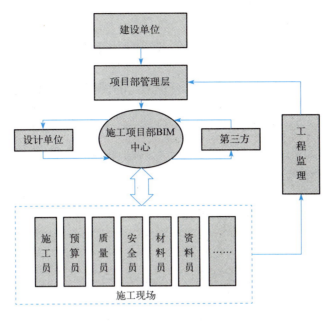

图 4-4-4　基于 BIM 的装配式建筑组织架构

（2）人员配备及职责

① 项目经理：对整个项目负责。主要负责现场施工与 BIM 小组模型构建之间的协调，也就是实际工地与模拟工地之间的桥梁。对两者之间出现的问题，及时沟通处理。

② 现场 BIM 总负责：对整个 BIM 小组的工作成果负责。有对 BIM 小组内各岗位人员管理的权限，分配任务；对 BIM 模型的构建实施指导与监督。

③ 项目总工：负责组织汇总出现的问题，对问题进行及时处理或上报。对装配现场出现的施工质量、安全等方面的问题予以记录，并通过 BIM 小组指导现场改正及施工。

④ 施工员：熟悉并掌握 BIM 系统操作要领，具有熟练使用 BIM 客户端、查看问题与反映问题的能力，并能利用客户端进行三维技术交底，同时能运用 BIM 技术对现场进行管理。

⑤ 质量员：熟悉并掌握 BIM 系统操作要领，熟悉利用 BIM 进行现场质量管理的流程，针对出现的质量问题能及时地上传到 BIM 模型中的对应位置，对质量问题描述准确。

⑥ 安全员：熟悉并掌握 BIM 系统操作要领，将在检查过程中存在的安全问题，及时利用移动终端记录并上传。

⑦ 资料员：熟练掌握与 BIM 模型资料挂接的相关方法；根据相应单体，对 BIM 模型添加需要挂接的资料目录及项目；实时录入相关资料，与 BIM 模型构配件相对应的及挂接的工作。

⑧ 预算员：熟练掌握 BIM 模型各涉及成本端口的操作要领。熟练利用 BIM 模型，达到可随时随意快速调取 BIM 模型相关工程数据，用于材料采购审核、班组工程量校对、形象进度产值编制等工作。

## 能力训练题

### 一、多选题

1. 装配式建筑具有的特征有（　　）。
   A. 管理信息化　　B. 施工装配化　　C. 生产工厂化　　D. 企业集团化
   E. 设计标准化

2. 从上海市杨浦区预制率最高的高层办公楼采用的装配整体式混凝土框架－核心筒结构中可以借鉴的经验有（　　）。
   A. 集中 PC 构件，有效控制成本　　　　B. 全程采用 BIM 技术辅助
   C. 分体式灌浆套筒技术　　　　　　　　D. 提前预设，提高精确度
   E. 以上均不符合题意

3. 下列说法正确的有（　　）。
   A. 标准化、模数化是装配式建筑标准化设计的要求
   B. 小规格、多组合是装配式建筑经济学的要求
   C. 各专业协同是装配式建筑安全性和先进性的要求
   D. 结构整体性、耐久性、高强高性能材料应用是装配式建筑信息化的要求
   E. 规定公差的目的是为了建立预制构件之间的协调标准

4. 装配式建筑管理信息化具体功能表现在（　　）方面。
   A. 辅助智能化生产
   B. 实现对项目进度可控
   C. 运用电子图纸，实现无纸化管理
   D. 提高机械化水平，减少繁重、复杂的手工劳动和湿作业
   E. 为实现物业科学高效的管理提供强大助力

5. 建筑工业化是指用现代工业的生产方式来建造房屋，它的内容包括多个方面，即（　　）。
   A. 建筑信息化　　B. 建筑设计标准化　　C. 管理科学化　　D. 构配件生产工厂化
   E. 以上均不符合题意

6. 建筑产业现代化的技术路径主要有（　　）。
   A. 装配式混凝土建筑　　　　　　　　　B. 装配式钢结构建筑
   C. 现代木结构建筑　　　　　　　　　　D. 现代新型材料建筑
   E. 以上均不符合题意

7. 相比传统现浇方式，造成装配式混凝土建筑工程建造方式成本增加的因素有（　　）。
   A. 预制构配件的运输费用　　　　　　　B. 预制构配件的吊装费用
   C. 钢筋和混凝土工程费用　　　　　　　D. 大型机械设备的租赁费用
   E. 拼缝处理及相关材料费用

### 二、判断题（正确的后面写"Y"，错误的写"N"）

1. 建筑设计过程中应充分考虑构配件加工制作、安装等环节要求。平面、立面布置应满足：模数化、标准化、小规格、多组合。（　　）

2. 建筑产业现代化相关产业主要包括以标准化设计为基础的规划设计业、以集成应用为基础的房地产开发业、以建筑工业化为基础的建筑业、以部品建材生产为基础的装备制造

业，以及物流运输业等全产业链的现代化。（　　）

3. 建筑工业化、集成化、信息化、绿色化、价值最大化是一个渐进的过程。其中，信息化是核心和基础。（　　）

4. 装配式建筑管理信息化具体功能表现在提高机械化水平，减少繁重、复杂的手工劳动和湿作业方面。（　　）

5. 建筑工业化包含的5大特征：建筑设计标准化、构配件生产工厂化、施工装配化、装修一体化、管理信息化。（　　）

6. 在传统住宅和工业化住宅造价的对比中，工业化住宅的造价比传统住宅的造价低，但是工业化住宅的利润要高于传统住宅。（　　）

# 模块 5

# 装配式混凝土建筑施工质量控制及验收

**知识目标**：熟悉装配式混凝土建筑工程质量控制内容及特点，区分不同预制构件控制及验收，熟悉结构安装的安全措施及要求。

**能力目标**：能够应用所学知识对不同预制构件生产质量以及装配式混凝土结构施工质量进行控制和验收，能对装配式混凝土结构安装制定安全生产措施。

**素质目标**：培养统筹兼顾、安全稳定、绿色环保意识。

## 任务介绍

某地块定向安置房项目位于地块南侧至规划地块西一号路东、西及北侧；总用地面积6691.2m²，拟建4栋9～16层装配式钢筋混凝土结构住宅：总建筑面积31685.49m²，其中地上建筑面积20055.49m²，地下建筑面积为11630.00m²；绿地率30%，容积率3.0。

现已经进入装配式混凝土建筑施工质量控制及验收阶段。

5-0 素质拓展6

## 任务分析

结合现场实际情况，利用所学知识对不同预制构件生产质量以及装配式混凝土结构施工质量进行控制和验收、对装配式混凝土结构安装制订安全生产措施。

"质量无小事，安全大于天。"装配式混凝土建筑工程施工质量同样如此。因此在施工时要严格按照规范标准，强化安全责任意识，切实提升工程安全生产标准化和质量管理标准化水平，确保工程质量和安全。

## 5.1 概述

### 5.1.1 装配式混凝土建筑工程质量控制内容及特点

工程质量控制是控制好各建设阶段的工作质量以及施工阶段各工序的质量，从而确保工程实体能满足相关标准规定和合同约定要求。装配式混凝土结构工程的质量控制需要对项目前期（可行性研究、决策阶段）、设计、施工及验收各个阶段的质量进行控制。另外，由于其组成主体结构的主要构件在工厂内生产，还需要做好构件生产的质量控制。

与传统的现浇结构工程相比，装配式混凝土结构工程在质量控制方面具有以下特点。

（1）质量管理工作前置

对于建设、监理和施工单位而言，由于装配式结构的主要结构构件在工厂内加工制作，装配式混凝土结构的质量管理工作从工程现场前置到了构件预制厂。监理单位需要根据建设单位要求，对预制构件生产质量进行驻厂监造，对原材料进厂抽样检验、预制构件生产、隐蔽工程质量验收和出厂质量验收等关键环节进行监理。

（2）设计更加精细化

对于设计单位而言，为降低工程造价，预制构件的规格、型号需要尽可能地少，由于采用工厂预制、现场拼装以及水电等管线提前预埋，对施工图的精细化要求更高，因此，相对于传统的现浇结构工程，设计质量对装配式混凝土结构工程的整体质量影响更大，设计人员需要进行更精细的设计，才能保证生产和安装的准确性。

（3）工程质量更易于保证

由于采用精细化设计、工厂化生产和现场机械拼装，构件的观感、尺寸偏差都比现浇结构更易于控制，强度更稳定，避免了现浇结构质量通病的出现。因此，装配式混凝土结构工程的工程质量更易于控制和保证。

（4）信息化技术应用

随着互联网技术的不断发展，数字化管理已成为装配式结构质量管理的一项重要手段。尤其是 BIM 技术的应用，使质量管理过程更加透明、细致、可追溯。

### 5.1.2 装配式混凝土建筑工程质量影响因素

影响装配式混凝土建筑工程质量的因素很多，归纳起来主要有五个方面，即人员素质、工程材料、机械设备、方法和环境条件。

（1）人员素质

人是生产经营活动的主体，也是工程项目建设的决策者、管理者、操作者，工程建设的全过程都是由人来完成的。人的素质将直接或间接决定着工程质量的好坏。装配式混凝土结构工程由于具有机械化水平高、批量生产、安装精度高等特点，对人员的素质尤其是生产加工和现场施工人员的文化水平、技术水平及组织管理能力都有更高的要求。普通的务工人员已不能满足装配式建筑工程的建设需要，因此，培养高素质的产业化工人是确保建筑产业现代化的必然条件。

（2）工程材料

工程材料是指构成工程实体的各类建筑材料、构配件、半成品等，是工程建设的物质条件，是工程质量的基础。装配式混凝土结构是由预制混凝土构件或部件通过各种可靠的方式连接，并与现场后浇混凝土形成的整体混凝土结构，因此，与传统的现浇结构相比，预制构件、灌浆料及连接套筒的质量是装配式混凝土结构质量控制的关键。预制构件混凝土强度、钢筋设置、规格尺寸是否符合设计要求，力学性能是否合格，运输保管是否得当，灌浆料和连接套筒的质量是否合格等，都将直接影响工程的使用功能、结构安全、使用安全乃至外表及观感等。

（3）机械设备

装配式混凝土结构采用的机械设备可分为三类：第一类是指工厂内生产预制构件的工艺设备和各类机具，如各类模具、模台、布料机、蒸养室等，简称生产机具设备；第二类是指施工过程中使用的各类机具设备，包括大型垂直与横向运输设备、各类操作工具、各种施工安全设施，简称施工机具设备；第三类是指生产和施工中都会用到的各类测量仪器和计量器具等，简称测量设备。不论是生产机具设备、施工机具设备还是测量设备，都对装配式混凝土结构工程的质量有着非常重要的影响。

（4）方法

方法是指施工工艺、操作方法、施工方案等。在混凝土结构构件加工时，为了保证构件的质量或受客观条件制约需要采用特定的加工工艺，不适合的加工工艺可能会造成构件质量缺陷、生产成本增加或工期拖延等；现场安装过程中，吊装顺序、吊装方法的选择都会直接影响安装的质量。装配式混凝土结构的构件主要通过节点连接，因此，节点连接部位的施工工艺是装配式结构的核心工艺，对结构安全起决定性影响。采用新技术、新工艺、新方法，不断提高工艺技术水平，是保证工程质量稳定提高的重要因素。

（5）环境条件

环境条件是指对工程质量特性起重要作用的环境因素，包括自然环境，如工程地质、水文、气象等；作业环境，如施工作业面大小、防护设施、通风照明和通信条件等；工程管理环境，主要是指工程实施的合同环境和管理关系的确定，组织体制及管理制度等；周边环境，如工程邻近的地下管线、建（构）筑物等。环境条件往往对工程质量产生特定的影响。

## 5.1.3 装配式混凝土建筑工程质量控制依据

质量控制的主体包括建设单位、设计单位、项目管理单位、监理单位、构件生产单位、施工单位以及其他材料的生产单位等。质量控制方面的依据主要分为以下几类，不同的单位根据自己的管理职责，依据不同的管理依据进行质量控制。

（1）工程合同文件

建设单位与设计单位签订的设计合同、与施工单位签订的安装施工合同、与生产厂家签订的构件采购合同都是装配式混凝土结构工程质量控制的重要依据。

（2）工程勘察设计文件

工程勘察包括工程测量、工程地质和水文地质勘察等内容，工程勘察成果文件为工程项目选址、工程设计和施工提供科学可靠的依据。工程设计文件包括经过批准的设计图纸、技术说明、图纸会审、工程设计变更以及设计洽商、设计处理意见等。

（3）有关质量管理方面的法律法规、部门规章与规范性文件

① 法律法规：《中华人民共和国建筑法》《中华人民共和国防震减灾法》《中华人民共和国能源法》《中华人民共和国消防法》等。

② 行政法规：《建设工程质量管理条例》《民用建筑节能条例》等。

③ 部门规章：《建筑工程施工许可管理办法》《实施工程建设强制性标准监督规定》《房屋建筑和市政基础设施工程质量监督管理规定》等。

④ 规范性文件：例如，山东省住房和城乡建设厅发布的《山东省装配式混凝土建筑工程质量监督工作导则》、北京市住房和城乡建设委员会发布的《关于加强装配式混凝土结构产业化住宅工程质量管理的通知》等。

（4）质量标准与技术规范(规程)

根据适用性，标准分为国家标准、行业标准、地方标准和企业标准。国家标准是必须执行与遵守的最低标准，行业标准、地方标准和企业标准的要求不能低于国家标准的要求，企业标准是企业生产与工作的要求与规定，适用于企业的内部管理。适用于混凝土结构工程的各类标准同样适用于装配式混凝土结构工程，如《混凝土结构设计规范》(GB 50010)、《混凝土结构工程施工规范》(GB 50666)、《混凝土结构工程施工质量验收规范》(GB 50204)、《混凝土质量控制标准》(GB 50164)、《钢筋机械连接技术规程》(JGJ 107)等。

随着近几年装配式建筑的兴起，国家及地方针对装配式混凝土结构工程制定了大量的标准，其中，质量控制方面的标准主要有：

① 国家标准：《水泥基灌浆材料应用技术规范》(GB/T 50448)。

② 行业标准：《装配式混凝土结构技术规程》(JGJ 1)、《钢筋套筒灌浆连接应用技术规程》(2023年版)(JGJ 355)、《钢筋连接用灌浆套筒》(JG/T 398)、《钢筋连接用套筒灌浆料》(JG/T 408)。

③ 地方标准：如北京市的《装配式建筑评价标准》(DB11/T 1831—2021)、安徽省的《装配式建筑工程项目管理规程》(DB34/T 4387—2023)、山西省的《装配式建筑施工安全技术标准》(DBJ04/T 414—2021)、深圳市的《居住建筑室内装配式装修技术规程》(SJG 96—2021)等。

④ 企业标准。

## 5.2 预制混凝土构件质量控制及验收

### 5.2.1 预制混凝土构件生产质量控制及验收

生产过程的质量控制是预制构件质量控制的关键环节，需要做好生产过程各个工序的质量控制、隐蔽工程验收、质量评定和质量缺陷的处理等工作。预制构件生产企业应配备满足工作需求的质量员，质量员应具备相应的工作能力并经水平检测合格。

#### 5.2.1.1 生产工序质量控制

构件生产通用工艺流程如下：

模台清理→模具组装→钢筋及网片安装→预埋件及水电管线等预留预埋→隐蔽工程验收→混凝土浇筑→养护→脱模、起吊→成品验收→入库。

在预制构件生产之前，应对各工序进行技术交底，上道工序未经检查验收合格，不得进行下道工序。混凝土浇筑前，应对模具组装、钢筋及网片安装、预留及预埋件布置等内容进行检查验收。工序检查由各工序班组自行检查，检查数量为全数检查，应做好相应的检查记录。

(1) 模具组装的质量检查

模具组装前,首先需根据构件制作图核对模板的尺寸是否满足设计要求;其次对模板几何尺寸进行检查,包括模板与混凝土接触面的平整度、板面弯曲、拼装接缝等;再次对模具的观感进行检查,接触面不应有划痕、锈渍和氧化层脱落等现象。

模具几何尺寸的允许偏差及检验方法见表5-2-1。

表5-2-1 模具几何尺寸的允许偏差及检验方法

| 项次 | 项目 | | 允许偏差/mm | 检验方法 |
|---|---|---|---|---|
| 1 | 长度 | | 0,-4 | 激光测距仪或钢尺,测量平行构件高度方向,取最大值 |
| 2 | 宽度 | | 0,-4 | 激光测距仪或钢尺,测量平行构件宽度方向,取最大值 |
| 3 | 厚度 | | 0,-2 | 钢尺测量两端或中部,取最大值 |
| 4 | 构件对角线差 | | <5 | 激光测距仪或钢尺,测量纵、横两个方向对角线 |
| 5 | 侧向弯曲 | | $L/1500$,且≤3 | 拉尼龙线,钢角尺测量弯曲最大处 |
| 6 | 端向弯曲 | | $L/1500$ | 拉尼龙线,钢角尺测量弯曲最大处 |
| 7 | 底模板表面平整度 | | 2 | 2m铝合金靠尺和金属塞尺测量 |
| 8 | 拼装缝隙 | | 1 | 金属塞片或塞尺测量 |
| 9 | 预埋件、插筋、安装孔、预留孔中心线位移 | | 3 | 钢尺测量中心坐标 |
| 10 | 端模与侧模高低差 | | 1 | 钢角尺测量 |
| 11 | 窗框口 | 厚度 | 0,-2 | 钢尺测量两端或中部,取最大值 |
| | | 长度、宽度 | 0,-4 | 激光测距仪或钢尺,测量平行构件长度、宽度方向,取最大值 |
| | | 中心线位置 | 3 | 用钢尺测量纵、横两中心位置 |
| | | 垂直度 | 3 | 用直角尺和基尺测量 |
| | | 对角线差 | 3 | 用钢尺测量两个对角线 |

注:$L$为模具与混凝土接触面中最长边的尺寸。

模具组装完成后,应对组装后模具的尺寸进行检查,其允许偏差及检验方法见表5-2-2。

表5-2-2 模具组装尺寸允许偏差及检验方法

| 测定部位 | | 允许偏差/mm | 检验方法 |
|---|---|---|---|
| 边长 | | ±2 | 钢尺四边测量 |
| 对角线误差 | | 3 | 细线测量两根对角线尺寸,取差值 |
| 底模平整度 | | 2 | 对角用细线固定,钢尺测量线到底模各点距离的差值,取最大值 |
| 侧板高差 | | 2 | 钢尺两边测量取平均值 |
| 表面凹凸 | | 2 | 靠尺和塞尺测量 |
| 扭曲 | | 2 | 对角线用细线固定,钢尺测量中心点高度差值 |
| 翘曲 | | 2 | 四角固定细线,钢尺测量细线到钢模边距离,取最大值 |
| 弯曲 | | 2 | 四角固定细线,钢尺测量细线到钢模边距离,取最大值 |
| 侧向扭曲 | $H$≤300mm | 1.0 | 侧模两对角用细线固定,钢尺测量中心点高度 |
| | $H$>300mm | 2.0 | 侧模两对角用细线固定,钢尺测量中心点高度 |

(2) 钢筋骨架、钢筋网片的质量检查

钢筋骨架、钢筋网片入模后,应按构件制作图要求对钢筋规格、位置、间距、保护层等进行检查,其允许偏差及检验方法见表5-2-3。

表 5-2-3　钢筋骨架、钢筋网片尺寸和安装位置允许偏差及检验方法

| 项目 | | | 允许偏差/mm | 检验方法 |
|---|---|---|---|---|
| 绑扎钢筋网 | 长、宽 | | ±10 | 钢尺测量 |
| | 网眼尺寸 | | ±20 | 钢尺测量连续三挡，取最大值 |
| 绑扎钢筋骨架 | 长 | | ±10 | 钢尺测量 |
| | 宽、高 | | ±5 | 钢尺测量 |
| | 钢筋间距 | | ±10 | 钢尺测量两端、中间各一点 |
| 受力钢筋 | 位置 | | ±5 | 钢尺测量两端、中间各一点，取较大值 |
| | 排距 | | ±5 | |
| | 保护层 | 柱、梁 | ±5 | 钢尺测量 |
| | | 楼板、外墙板楼梯、阳台板 | ±3 | 钢尺测量 |
| 绑扎钢筋、横向钢筋间距 | | | ±20 | 钢尺测量连续三挡，取最大值 |
| 箍筋间距 | | | ±20 | 钢尺测量连续三挡，取最大值 |
| 钢筋弯起点位置 | | | ±20 | 钢尺测量 |

（3）连接套筒、预埋件、拉结件、预留孔洞质量检查

连接套筒、预埋件、拉结件、预留孔洞应按预制构件设计制作图进行配置，满足吊装、施工的安全性、耐久性和稳定性要求，其允许偏差及检验方法应满足表 5-2-4 的规定。

表 5-2-4　连接套筒、预埋件、拉结件、预留孔洞的允许偏差及检验方法

| 项目 | | 允差偏差/mm | 检验方法 |
|---|---|---|---|
| 钢筋连接套筒① | 中心线位置 | ±3 | 钢尺测量 |
| | 安装垂直度 | 1/40 | 拉水平线、竖直线测量两端差值且满足连接套筒施工误差要求 |
| 外装饰敷设 | 图案、分割、色彩、尺寸 | | 与构件设计制作图对照及目视 |
| 预埋件（插筋、螺栓、吊具等） | 中心线位置 | ±5 | 钢尺测量 |
| | 外露长度 | +5～0 | 钢尺测量且满足连接套筒施工误差要求 |
| | 安装垂直度 | 1/40 | 拉水平线、竖直线测量两端差值且满足施工误差要求 |
| 拉结件 | 中心线位置 | ±3 | 钢尺测量 |
| | 安装垂直度 | 1/40 | 拉水平线、竖直线测量两端差值且满足连接套筒施工误差要求 |
| 预留孔洞 | 中心线位置 | ±5 | 钢尺测量 |
| | 尺寸 | +8,0 | 钢尺测量 |
| 其他需要先安装的部件 | 安装状况：种类、数量、位置、固定状况 | | 与构件设计制作图对照及目视 |

① 钢筋连接套筒除应满足上述指标外，尚应符合套筒厂家提供的允许误差值和施工允许误差值。

（4）外装饰面的质量检查

带外装饰面的预制构件宜采用水平浇筑一次成型反打工艺，混凝土浇筑前应对装饰面的质量进行检查，确保外装饰面砖的图案、分隔、色彩、尺寸符合设计要求，面砖敷设后表面应平整，接缝应顺直，接缝的宽度和深度符合设计要求。

预制构件外装饰允许偏差及检验方法应符合表 5-2-5 的规定。

表 5-2-5　预制构件外装饰允许偏差及检验方法

| 外装饰种类 | 项目 | 允许偏差/mm | 检验方法 |
|---|---|---|---|
| 石材和面砖 | 通用表面平整度 | 2 | 2m靠尺或塞尺测量 |
|  | 阳角方正 | 2 | 用托线板检查 |
|  | 上口平直 | 2 | 拉通线用钢尺测量 |
|  | 接缝平直 | 3 | 钢尺或塞尺测量 |
|  | 接缝深度 | ±5 |  |
|  | 接缝宽度 | ±2 | 钢尺测量 |

#### 5.2.1.2　隐蔽工程验收

在混凝土浇筑之前，应对每块预制构件进行隐蔽工程验收，确保其符合设计要求和规范规定。企业的质检员和质量负责人负责隐蔽工程验收，验收内容包括原材料抽样检验和钢筋、模具、预埋件、保温板及外装饰面等工序安装质量的检验。原材料的抽样检验按照前述要求进行，钢筋、模具、预埋件、保温板及外装饰面等各安装工序的质量检验按照前述要求进行。

隐蔽工程验收的范围为全数检查，验收完成应形成相应的隐蔽工程验收记录，并保留存档。具体检查项目包括下列内容：

① 纵向受力钢筋的牌号、规格、数量、位置、间距等。
② 纵向受力钢筋的连接方式、接头位置、接头质量、接头面积百分率、搭接长度等。
③ 箍筋、横向钢筋的牌号、规格、数量、位置、间距，箍筋弯钩的弯折角度及平直段长度等。
④ 预埋件、吊环、插筋的规格、数量、位置等。
⑤ 灌浆套筒、预留孔洞的规格、数量、位置等。
⑥ 钢筋的混凝土保护层厚度。
⑦ 夹心外墙板的保温层位置、厚度，拉结件的规格、数量、位置等。
⑧ 预埋管线、线盒的规格、数量、位置及固定措施。

预制构件隐蔽工程质量验收表见表 5-2-6。

表 5-2-6　预制构件隐蔽工程质量验收表（举例）

| 工程名称 |  | 生产单位 |  |  |
|---|---|---|---|---|
| 构件名称 |  | 建设（监理）单位 |  |  |
| 构件编号 |  | 隐检日期 |  |  |
| 执行标准及编号 | 《混凝土结构工程施工质量验收规范》 | 照片编号 |  |  |
| 项次 | 隐蔽内容 |  | 质量要求 | 生产单位检查记录 |
| 1 | 纵向受力钢筋牌号、规格、数量、位置、间距等 |  |  |  |
| 2 | 纵向受力钢筋连接方式、接头位置、接头质量、接头百分率、搭接长度 |  |  |  |
| 3 | 箍筋、横向钢筋牌号、规格、数量、位置、间距，箍筋弯钩的弯折角度及平直段长度 |  |  |  |
| 4 | 预埋件、吊环、插筋的规格、数量、位置等 |  |  |  |
| 5 | 灌浆套筒、预留孔洞的规格、数量、位置等 |  |  |  |
| 6 | 钢筋的混凝土保护层厚度 |  |  |  |

续表

| 项次 | 隐蔽内容 | 质量要求 | 生产单位检查记录 |
|---|---|---|---|
| 7 | 夹心外墙板的保温层位置、厚度等 | | |
| 8 | 夹心外墙板拉结件的规格、数量、位置等 | | |
| 9 | 预埋线管、线盒的规格、数量、位置及固定措施等 | | |

说明（图示、照片、视频资料可另附页）

验收结论：

构件生产单位（公章）：
质检员签字： 年 月 日

### 5.2.1.3 构件外观质量及尺寸偏差验收

预制构件脱模后，应对其外观质量和尺寸进行检查验收。外观质量不宜有一般缺陷，不应有严重缺陷。对于已经出现的一般缺陷，应进行修补处理，并重新检查验收；对于已经出现的严重缺陷，修补方案应经设计、监理单位认可之后进行修补处理，并重新检查验收。预制构件叠合面的粗糙度和凹凸深度应符合设计及规范要求。

预制构件外观质量、尺寸允许偏差及检验方法见表5-2-7和表5-2-8。

表 5-2-7 预制构件外观质量判定方法

| 项目 | 现象 | 质量要求 | 判定方法 |
|---|---|---|---|
| 露筋 | 钢筋未被混凝土完全包裹而外露 | 受力主筋不应有，其他构造钢筋和箍筋允许少量 | 观察 |
| 蜂窝 | 混凝土表面石子外露 | 受力主筋部位和支撑点位置不应有，其他部位允许少量 | 观察 |
| 孔洞 | 混凝土中孔穴深度和长度超过保护层厚度 | 不应有 | 观察 |
| 夹渣 | 混凝土中夹有杂物且深度超过保护层厚度 | 禁止夹渣 | 观察 |
| 外形缺陷 | 内表面缺棱掉角、表面翘曲，抹面凹凸不平，外表面面砖黏结不牢、位置偏差、面砖嵌缝没有达到横平竖直、转角面砖棱角不直、面砖表面翘曲不平 | 内表面缺陷基本不允许，要求达到预制构件允许偏差；外表面仅允许极少量缺陷，但禁止面砖黏结不牢，位置偏差、面砖翘曲不平不得超过允许值 | 观察 |
| 外表缺陷 | 内表面麻面、起砂、掉皮、污染，外表面面砖污染，窗框保护纸破坏 | 允许少量污染等不影响结构使用功能和结构尺寸的缺陷 | 观察 |
| 连接部位缺陷 | 连接处混凝土缺陷及连接钢筋、连接件松动 | 不应有 | 观察 |
| 破损 | 影响外观 | 影响结构性能的破损不应有，不影响结构性能和使用功能的破损不宜有 | 观察 |
| 裂缝 | 裂缝贯穿保护层到达构件内部 | 影响结构性能的裂缝不应有，不影响结构性能和使用功能的裂缝不宜有 | 观察 |

表 5-2-8 预制构件外形尺寸允许偏差及检验方法

| 项目 | | 允许偏差/mm | 检验方法 |
|---|---|---|---|
| 长度 | 板、梁、柱、桁架 <12m | ±5 | 尺量检查 |
| | 板、梁、柱、桁架 ≥12m且<18m | ±10 | |
| | 板、梁、柱、桁架 ≥18m | ±20 | |
| | 墙板 | ±4 | |
| 宽度、高度 | 板、梁、柱、桁架截面尺寸 | ±5 | 钢尺测量一段及中部，取其中偏差绝对值较大处 |
| | 墙板的高度、厚度 | ±3 | |

续表

| 项目 | | 允许偏差/mm | 检验方法 |
|---|---|---|---|
| 表面平整度 | 板、梁、柱、墙板内表面 | 5 | 2m靠尺和塞尺检查 |
| | 墙板外表面 | 3 | |
| 侧向弯曲 | 板、梁、柱 | L/750，且≤20 | 拉线、钢尺测量最大侧向弯曲处 |
| | 墙板、桁架 | L/1000，且≤20 | |
| 翘曲 | 板 | L/750 | 调平尺在两端量测 |
| | 墙板 | L/1000 | |
| 对角线 | 板 | 10 | 钢尺测量两个对角线 |
| | 墙板、门窗口 | 5 | |
| 预留孔 | 普通预埋件中心线位置 | 5 | 尺量检查 |
| | 孔尺寸 | ±5 | |
| | 斜支撑预埋件中心线位置 | ±10 | |
| | 洞口尺寸、深度 | ±10 | |
| | 中心线位置 | 5 | |
| | 宽度、高度 | ±3 | |
| | 预埋件锚板中心线位置 | 5 | |
| | 预埋件锚板与混凝土面平面高差 | 0，-5 | |
| | 预埋螺栓中心线位置 | 2 | |
| | 预埋螺栓外露长度 | +10，-5 | |
| | 预埋套筒、螺母中心线位置 | 2 | |
| | 预埋套筒、螺母与混凝土面平面高差 | 0，-5 | |
| | 线盒、吊环水平偏差 | 20 | |
| | 线盒、吊环垂直偏差 | 0，-10 | |
| | 安装用预埋件中心线位置 | 3 | |
| | 外露长度 | +5，-5 | |
| | 连接钢筋中心线位置 | 5 | |
| | 长度、宽度、深度 | ±5 | |

注：$L$ 为构件长度方向尺寸。

### 5.2.2 预制混凝土构件出厂质量检验

预制混凝土构件成品出厂质量检验是预制混凝土构件质量控制过程中最后的环节，也是关键环节。预制混凝土构件出厂前应对其成品质量进行检查验收，合格后方可出厂。

（1）出厂检验的内容及标准

每块预制构件出厂前均应进行成品质量验收，其检查项目包括下列内容：

① 预制构件的外观质量。
② 预制构件的外形尺寸。
③ 预制构件的钢筋、连接套筒、预埋件、预留孔洞等。
④ 预制构件出厂前构件的外装饰和门窗框。

预制构件出厂质量验收表见表5-2-9。

表 5-2-9　预制构件出厂质量验收表

| 工程名称 | | | | 检查部位 | | |
|---|---|---|---|---|---|---|
| 选择计数抽样方案 | | | | | 全数检查 | |
| \multicolumn{2}{c}{} | 项目 | | 检查部位及质量情况 | | |
| 主控项目 | 外观质量严重缺陷 | | | | | |
| | 预制构件上的套筒、预埋件、预留插筋、预埋管线等 | | | | | |
| | 灌浆孔、溢浆孔是否通畅 | | | | | |
| 一般项目 | 构件标识 | | | | | |
| | 外观质量一般缺陷 | | | | | |
| | 预制构件的粗糙面质量及键槽的数量 | | | | | |
| 现场测量 | 项目 | | | 构件编号 | | |
| | | | | 设计要求 /mm | 测量数据 | |
| | 长度 | 叠合板、楼梯、梁、柱 | ＜12m | ±5 | | |
| | | | ≥12m 且 <18m | ±10 | | |
| | | | ≥18m | ±20 | | |
| | | 墙板 | | ±4 | | |
| | 宽度、高（厚）度 | 叠合板、楼梯、梁、柱 | | ±5 | | |
| | | 墙板 | | ±3 | | |
| | 表面平整度 | 叠合板、梁柱、墙板内表面 | | 5 | | |
| | | 墙板外表面 | | 3 | | |
| | 侧向弯曲 | 叠合板、梁、柱 | | L/750 且≤20 | | |
| | | 墙板 | | L/1000 且≤20 | | |
| | 翘曲 | 叠合板 | | L/750 | | |
| | | 墙板 | | L/1000 | | |
| | 对角线 | 叠合板 | | 10 | | |
| | | 墙板、门窗口 | | 5 | | |
| | 预留孔 | 中心线位置 | | 5 | | |
| | | 孔尺寸 | | ±5 | | |
| | 预留洞 | 中心线位置 | | 10 | | |
| | | 洞口尺寸、深度 | | ±10 | | |
| | 门窗口 | 中心线位置 | | 10 | | |
| | | 宽度、高度 | | ±3 | | |
| | 预埋件 | 预埋板中心线位置 | | 5 | | |
| | | 预埋板与平面高差 | | 0，-5 | | |
| | | 预埋螺栓中心线位置 | | 2 | | |
| | | 预埋螺栓外露长度 | | +10，-5 | | |
| | | 套筒、螺母中心线位置 | | 2 | | |
| | | 套筒、螺母与平面高差 | | 0，-5 | | |
| | | 线盒水平偏差 | | ±5 | | |
| | | 线盒垂直偏差 | | 0，-10 | | |
| | 预留插筋 | 中心线位置 | | 5 | | |
| | | 外露长度 | | +10，-5 | | |

续表

| 现场测量 | 项目 | | 构件编号 | | | | | | |
|---|---|---|---|---|---|---|---|---|---|
| | | | 设计要求/mm | 测量数据 | | | | | |
| | 键槽 | 中心线位置 | 5 | | | | | | |
| | | 长度、宽度 | ±5 | | | | | | |
| | | 深度 | ±10 | | | | | | |
| 检查结果 | | | | | | | | | |
| 质检员 | | 时间 | | 质量负责人 | | 时间 | | | |

注：$L$ 为构件长度方向尺寸。

预制构件验收合格后应在明显部位进行标识，内容包括构件名称、型号、编号、生产日期、出厂日期、质量状况、生产企业名称，并有检测部门及质检员、质量负责人签名。

（2）验收资料管理

预制构件出厂交付时，应向使用方提供以下验收资料：

① 预制构件制作详图。
② 预制构件隐蔽工程质量验收表。
③ 预制构件出厂质量验收表。
④ 钢筋进场复验报告。
⑤ 混凝土留样检验报告。
⑥ 保温材料、拉结杆、套筒等主要材料进场复验报告。
⑦ 产品合格证。
⑧ 产品说明书。
⑨ 其他相关的质量证明文件等资料。

## 5.3 装配式混凝土结构施工质量控制与验收

### 5.3.1 预制混凝土构件进场验收

#### 5.3.1.1 验收程序

预制构件运至现场后，施工单位应组织构件生产企业、监理单位对预制构件的质量进行验收，验收内容包括质量证明文件验收和构件外观质量、结构性能检验等。未经进场验收或进场验收不合格的预制构件，严禁使用。施工单位应对构件进行全数验收，监理单位对构件质量进行抽检，发现存在影响结构质量或吊装安全的缺陷时，不得验收通过。

#### 5.3.1.2 验收内容

（1）质量证明文件

预制构件进场时，施工单位应要求构件生产企业提供构件的产品合格证、说明书、试验报告、隐蔽验收记录等质量证明文件。对质量证明文件的有效性进行检查，并根据质量证明文件核对构件。

（2）观感验收

在质量证明文件齐全、有效的情况下，对构件的外观质量、外形尺寸等进行验收。观感质量可通过观察和简单的测试确定，工程的观感质量应由验收人员通过现场检查，并应共同确认，对影响观感及使用功能、质量评价为差的项目应进行维修。观感验收也应符合相应的标准。

观感验收主要检查以下内容：

① 预制构件粗糙面质量和键槽数量是否符合设计要求。

② 预制构件吊装预留吊环、预留焊接埋件应安装牢固、无松动。

③ 预制构件的外观质量不应有严重缺陷，对已经出现的严重缺陷，应按技术处理方案进行处理，并重新检查验收。

④ 预制构件的预埋件、插筋及预留孔洞等规格、位置和数量应符合设计要求，图 5-3-1 所示为对预留灌浆孔的贯通性进行检查。对存在影响安装及施工功能的缺陷，应按技术处理方案进行处理，并重新检查验收。

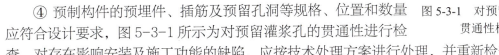

图 5-3-1　对预留灌浆孔的贯通性检查

⑤ 预制构件的尺寸应符合设计要求，且不应有影响结构性能和安装、使用功能的尺寸偏差。对超过尺寸允许偏差且影响结构性能和安装、使用功能的部位，应按技术处理方案进行处理，并重新检查验收。

⑥ 构件明显部位是否贴有标识构件型号、生产日期和质量验收合格的标志。

（3）结构性能检验

在必要的情况下，应按要求对构件进行结构性能检验，具体要求如下。

① 梁板类简支受弯预制构件进场时应进行结构性能检验，并应符合下列规定：

a. 结构性能检验应符合现行国家相关标准的有关规定及设计的要求，检验要求和试验方法应符合《混凝土结构工程施工质量验收规范》（GB 50204）的规定。

b. 钢筋混凝土构件和允许出现裂缝的预应力混凝土构件应进行承载力、挠度和裂缝宽度检验，不允许出现裂缝的预应力混凝土构件应进行承载力、挠度和抗裂检验。

c. 对大型构件及有可靠应用经验的构件，可只进行裂缝宽度、抗裂和挠度检验。

d. 对使用数量较少的构件，当能提供可靠依据时，可不进行结构性能检验。

② 对其他预制构件，如叠合板、叠合梁的梁板类受弯预制构件（叠合底板、底梁），除设计有专门要求外，进场时可不做结构性能检验。

③ 对进场时不做结构性能检验的预制构件，应采取下列措施：

a. 施工单位或监理单位代表应驻厂监督制作过程。

b. 当无驻厂监督时，预制构件进场时应对预制构件主要受力钢筋数量、规格、间距及混凝土强度等进行实体检验。

检验数量：同一类型（同一钢种、同一混凝土强度等级、同一生产工艺和同一结构形式）预制构件不超过 100 个为一批，每批随机抽取 1 个构件进行结构性能检验。

检验方法：检查结构性能检验报告或实体检验报告。

需要说明的是：

① 结构性能检验通常应在构件进场时进行，但考虑检验方便，工程中多在各方参与下在预制构件生产场地进行。

② 抽取预制构件时，宜从设计荷载最大、受力最不利或生产数量最多的预制构件中抽取。

③ 对多个工程共同使用的同类型预制构件，也可以在多个工程的施工、监理单位见证下共同委托机构进行结构性能检验，其结果对多个工程共同有效。

## 5.3.2　预制混凝土构件安装施工过程质量控制

预制构件安装是将预制构件按照设计图纸要求，通过节点之间的可靠连接，并与现场后浇混凝土形成整体混凝土结构的过程，预制构件安装的质量对整体结构的安全和质量起着至关重要的作用，因此，应对装配式混凝土结构施工作业过程实施全面和有效的管理与控制。为保证工程质量，装配式混凝土结构安装施工质量控制主要从施工前的准备、原材料的质量检验与施工试验、施工过程的工序检验、隐蔽工程验收、结构实体检验等多个方面进行。对装配式混凝土结构工程的质量验收有以下要求：

① 工程质量验收均应在施工单位自检合格的基础上进行。

② 参加工程施工质量验收的各方人员应具备相应的资格。

③ 检验批的质量应按主控项目和一般项目验收。

④ 对涉及结构安全、节能、环境保护和主要使用功能的试块、构配件及材料，应在进场时、施工中按规定进行见证检验。

⑤ 隐蔽工程在隐蔽前应由施工单位通知监理单位验收，并应形成验收文件，验收合格后方可继续施工。

⑥ 工程的观感质量应由验收人员现场检查，并应共同确认。

### 5.3.2.1 施工的准备

装配式混凝土结构施工前，施工单位应准确理解设计图纸的要求，掌握有关技术要求及细部构造，根据工程特点和有关规定，进行结构施工复核及验算，编制装配式混凝土专项施工方案，并进行施工技术交底。

装配式混凝土结构施工前，应由相关单位完成深化设计，并经原设计单位确认，施工单位应根据深化设计图纸对预制构件施工预留和预埋进行检查。

施工现场应具有健全的质量管理体系、相应的施工技术标准、施工质量检验制度和综合施工质量控制考核制度。

应根据装配式混凝土结构工程的管理和施工技术特点，对管理人员及作业人员进行专项培训，严禁未培训上岗及培训不合格上岗。

应根据装配式混凝土结构工程的施工要求，合理选择并配备安装设备，应根据预制构件存放、安装和连接等要求，确定安装使用的工器具方案。

设备管线、电线、机器及建设材料、板类、砂浆、厨房配件等装修材料的水平和垂直起重，应按经修改编制并批准的施工组织设计文件（专项施工方案）具体要求执行。

### 5.3.2.2 原材料质量检验与施工试验

除常规原材料检验和施工检验外，装配式混凝土结构应重点对灌浆料、钢筋套筒灌浆连接接头等进行检查验收。

（1）灌浆料

① 质量标准：灌浆料性能应符合《钢筋连接用套筒灌浆料》（JG/T 408）的有关规定，抗压强度应符合表5-3-1的要求，且不应低于接头设计要求的灌浆料抗压强度。灌浆料竖向膨胀率应符合表5-3-2的要求，灌浆料拌合物的工作性能应符合表5-3-3的要求。灌浆料最好采用与构件内预埋套筒相匹配的灌浆料，否则需要完成所有验证检验，并对结果负责。

表 5-3-1 灌浆料抗压强度要求

| 时间（龄期）/d | 抗压强度 /（N/mm²） |
| --- | --- |
| 1 | ≥ 35 |
| 3 | ≥ 60 |
| 28 | ≥ 85 |

表 5-3-2　灌浆料竖向膨胀率要求

| 项目 | 竖向膨胀率 /% |
|---|---|
| 3h | ≥ 0.02 |
| 24h 与 3h 差值 | 0.02~0.50 |

表 5-3-3　灌浆料拌合物的工作性能要求

| 项目 | | 工作性能要求 |
|---|---|---|
| 流动度 /mm | 初始 | ≥ 300 |
| | 30min | ≥ 260 |
| 泌水率 /% | | 0 |

② 检验要求

a. 检验方法：产品合格证、型式检验报告、进厂复试报告。表 5-3-4 为灌浆料试验报告的格式。

表 5-3-4　试验报告一：灌浆料试验报告

（××省建筑工程质量监督检验测试中心报告）

| 委托单位 | | | 报告编号 | |
|---|---|---|---|---|
| 样品名称 | 灌浆料 | | 检测编号 | |
| 工程名称 | | | 工程部位 | |
| 生产厂家 | | | 规格等级 | |
| 检测类型 | 委托检测 | | 样品数量 | 1 组 |
| 检测设备 | 砂浆搅拌机、钢直尺、压力试验机、电子天平、比长仪 | | 检测性质 | — |
| 检测地点 | 混凝土实验室 | | 样品状态 | 粉状 |
| 实验室地址 | | | 送样日期 | ××××年××月××日 |
| 检测依据 | 《钢筋连接用套筒灌浆料》(JG/T 408—2019) | | 检测日期 | ××××年××月××日 |
| 检测项目 | 性能指标 | | 检测结果 | 单项评定（合格/不合格）|
| 流动性 /mm | 初始 | ≥ 300 | | |
| | 30min | ≥ 260 | | |
| 抗压强度 /MPa | 1d | ≥ 35 | | |
| | 3d | ≥ 60 | | |
| | 28d | ≥ 85 | | |
| 竖向膨胀率 /% | 3h | ≥ 0.02 | | |
| | 24h 与 3h 差值 | 0.02 ~ 0.50 | | |
| 以下空白 | | | | |
| 综合结论 | 该样品依据《钢筋连接用套筒灌浆料》(JG/T 408—2019) 标准检测，所检项目合格 | | | |
| 检测说明 | 用水量：每千克灌浆料加 170ml 水<br>见证单位：×××监理有限公司　　见证人：×××　委托人：×××<br>检测结果仅对委托来样负技术责任 | | | |
| 批准：×××　审核：×××　主检：×××　检测单位：（盖章）　　签发日期：××××年××月××日 | | | | |

b. 检验数量：在 15d 内生产的同配方、同批号原材料的产品应以 50t 为一生产批号，不足 50t 的，也应作为一生产批号。

c. 取样数量：从多个部位取等量样品，样品总量不应少于 30kg。

d. 取样方法：同水泥取样方法。

e. 检验项目：抗压强度、流动度、竖向膨胀率。

（2）灌浆料试块

施工现场灌浆施工中，应同时在灌浆地点制作灌浆料试块，每工作班取样不得少于一次，每楼层取样不得少于3次。每次抽取1组试件，每组3个试块，试块规格为40mm×40mm×160mm，标准养护28d后，做抗压强度试验（表5-3-5为灌浆料试块试验报告的格式）。抗压强度应不小于85N/mm$^2$，并应符合设计要求。

表 5-3-5 试验报告二：灌浆料试块试验报告

（××省建筑工程质量监督检验测试中心报告）

| 委托单位 | | | | 报告编号 | |
|---|---|---|---|---|---|
| 样品名称 | 灌浆料试块 | | | 检测编号 | |
| 工程名称 | | | | 工程部位 | |
| 生产厂家 | | | | 规格等级 | 40mm×40mm×160mm |
| 检测类型 | 委托检测 | | | 样品数量 | 1组 |
| 检测设备 | 压力试验机 | | | 检测性质 | |
| 检测地点 | 混凝土实验室 | | | 样品状态 | 块状 |
| 实验室地址 | | | | 送样日期 | ××××年××月××日 |
| 检测依据 | 《钢筋连接用套筒灌浆料》（JG/T 408—2019） | | | 检测日期 | ××××年××月××日 |
| 检测项目 | | 性能指标 | | 检测结果 | 单项评定（合格/不合格） |
| 抗压强度/MPa | 1d | ≥35 | | | |
| | 3d | ≥60 | | | |
| | 28d | ≥85 | | | |
| 以下空白 | | | | | |
| 综合结论 | 该样品依据《钢筋连接用套筒灌浆料》（JG/T 408—2019）标准检测，所检项目合格 | | | | |
| 检测说明 | 试块制作日期：××××年××月××日<br>见证单位：×××监理有限公司　　　　见证人：×××　委托人：×××<br>检测结果仅对委托来样负技术责任 | | | | |

批准：×××　审核：×××　主检：×××　检测单位：（盖章）　　　签发日期：××××年××月××日

（3）钢筋套筒灌浆连接接头（图5-3-2）

① 工艺检验。第一批灌浆料检验合格后，灌浆施工前，应对不同钢筋生产企业的进场钢筋进行接头工艺检验。施工过程中，当更换钢筋生产企业或同生产企业生产的钢筋外形尺寸与已完成工艺检验的钢筋有较大差异或灌浆的施工单位变更时，应再次进行工艺检验。每种规格钢筋应制作3个对中套筒灌浆连接接头，并应检查灌浆质量。采用灌浆料拌合物制作的40mm×40mm×160mm试件不少于1组。接头试件与灌浆料试件应在标准养护条件下养护28d。

每个接头试件的抗拉强度不应小于连接钢筋抗拉强度标准值，且破坏时应断于接头外钢筋（见图5-3-3），屈服强度不应小于连接钢筋屈服强度标准值；3个接头试件残余变形的平均值应不大于0.10mm（钢筋直径不大于32mm）或0.14mm（钢筋直径大于32mm）。灌浆料抗压强度应不小于85N/mm$^2$。

② 施工检验。施工过程中，应按照同一原材料、同一炉（批）号、同一类型、同一规格的1000个灌浆套筒为一个检验批，每批随机抽取3个灌浆套筒制作接头。接头试件应在标准养护条件下养护28d后进行抗拉强度检验，检验结果应满足：抗拉强度不小于连接钢筋抗

拉强度标准值,且破坏时应断于接头外钢筋。表5-3-6为钢筋套筒灌浆连接接头试验报告的格式。

图5-3-2 钢筋套筒灌浆连接接头

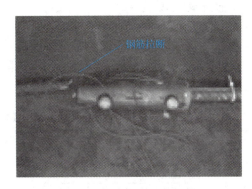

图5-3-3 接头断裂于外钢筋

表5-3-6 试验报告三:钢筋套筒灌浆连接接头试验报告

(××省建筑工程质量监督检验测试中心报告)

| 委托单位 | | | | | | | 报告编号 | | | | |
|---|---|---|---|---|---|---|---|---|---|---|---|
| 样品名称 | | | 钢筋机械连接 | | | | 委托日期 | | ××××年××月××日 | | |
| 样品状态 | | | 金属无损坏 | | | | 检测日期 | | ××××年××月××日 | | |
| 工程名称 | | | | | | | 检测性质 | | — | | |
| 检测设备 | | | 液压式万能材料试验机 | | | | 检测类别 | | 委托检测 | | |
| 实验室地址 | | | | | | | 检测地点 | | 力学实验室 | | |
| 检测依据 | | | 《钢筋连接用套筒灌浆料》(JG/T 408—2019) | | | | | | | | |
| 试验编号 | 接头个数 | 接头等级 | 钢筋牌号 | 直径/mm | 面积/mm² | 生产厂家 | 工程部位 | 连接形式 | 连接目的 | 残余变形/mm | 极限强度/MPa | 伸长率 $A_{sgt}$/% | 断裂特征 |
| | | | | | | | | | | | | | |
| 结论 | 该样品依据《钢筋机械连接技术规程》(JGJ 107—2016)检测,所检项目符合Ⅰ级接头标准。 | | | | | | | | | | |
| 以下空白 | | | | | | | | | | | |
| | | | | | | | | | | | |
| 检测说明 | | | 见证单位:×××监理有限公司 见证人:××× 委托人:××× 检测结果仅对委托来样负技术责任 | | | | | | | | |
| 批准:××× 审核:××× 主检:××× 检测单位:(盖章) | | | | | | | | 签发日期:××××年××月××日 | | | | |

(4)坐浆料试块

预制墙板与下层现浇构件接缝采取坐浆料处理时,应按照设计单位提供的配合比制作坐浆料试块,每工作班取样不得少于一次,每次制作不少于1组试件,每组3个试块,试块规格为40mm×40mm×160mm,标准养护28d后,做抗压强度试验。28d标准养护试块抗压强度应满足设计要求,并高于预制剪力墙混凝土抗压强度10MPa以上,且不应低于40MPa。当接缝灌浆与套筒灌浆同时施工时,可不再单独留置抗压试块。

#### 5.3.2.3 施工过程中的工序检验

对于装配式混凝土结构,施工过程中主要涉及模板与支撑、钢筋、混凝土和预制构件安装四个分项工程。其中,模板与支撑、钢筋、混凝土分项工程的检验要求除满足一般现浇混凝土结构的检验要求外，还应满足装配式混凝土结构的质量检验要求。

（1）模板及支撑

① 主控项目。预制构件安装临时固定支撑应稳固、可靠，应符合设计、专项施工方案要求及相关技术标准规定。

检验数量：全数检查。

检验方法：观察检查，检查施工记录或设计文件。

② 一般项目。装配式混凝土结构中后浇混凝土结构模板安装允许偏差及检验方法应符合表5-3-7的规定。

表 5-3-7　后浇混凝土结构模板安装允许偏差及检验方法

| 项目 | | 允许偏差/mm | 检验方法 |
| --- | --- | --- | --- |
| 轴线位置 | | 5 | 尺量检查 |
| 底模上表面标高 | | ±5 | 水准仪或拉线、尺量检查 |
| 截面内部尺寸 | 柱、梁 | +4，-5 | 尺量检查 |
| | 墙 | +4，-3 | 尺量检查 |
| 层高垂直度 | 不大于5m | 6 | 经纬仪或吊线、尺量检查 |
| | 大于5m | 8 | 经纬仪或吊线、尺量检查 |
| 相邻两板表面高低差 | | 2 | 尺量检查 |
| 表面平整度 | | 5 | 2m靠尺和塞尺检查 |

注：检查轴线位置时，应沿纵、横两个方向量测，并取其中较大值。

检验数量：在同一检验批内，对梁和柱应抽查构件数量的10%，且不少于3件；对墙和板应按有代表性的自然间抽查10%，且不小于3间。

（2）钢筋

装配式混凝土结构中，后浇混凝土中连接钢筋、预埋件安装位置允许偏差及检验方法应符合表5-3-8的规定。

检验数量：在同一检验批内，对梁和柱，应抽查构件数量的10%，且不少于3件；对墙和板，应按有代表性的自然间抽查10%，且不少于3间。

表 5-3-8　连接钢筋、预埋件安装位置允许偏差及检验方法

| 项目 | | 允许偏差/mm | 检验方法 |
| --- | --- | --- | --- |
| 连接钢筋 | 中心线位置 | 5 | 尺量检查 |
| | 长度 | ±10 | 尺量检查 |
| 灌浆套筒连接钢筋 | 中心线位置 | 2 | 宜用专用定位模具整体检查 |
| | 长度 | 3，0 | |
| 安装用预埋件 | 中心线位置 | 3 | 尺量检查 |
| | 水平偏差 | 3，0 | 尺量或塞尺检查 |
| 斜支撑预埋件 | 中心线位置 | ±10 | 尺量检查 |
| 普通预埋件 | 中心线位置 | 5 | 尺量检查 |
| | 水平偏差 | 3，0 | 尺量或塞尺检查 |

注：检测预埋件中心线位置，应沿纵、横两个方向量测，并取其中较大值。

（3）混凝土

① 主控项目

a.装配式混凝土结构安装连接节点和连接接缝部位的后浇混凝土强度应符合设计要求。

检验数量：每工作班同一配合比的混凝土取样不得少于1次，每次取样至少留置1组标准养护试块，同条件养护试块的留置组数宜根据实际需要确定。

检验方法：检查施工记录及试件强度试验报告。

b.装配式混凝土结构后浇混凝土的外观质量不应有严重缺陷。对已经出现的严重缺陷，应由施工单位提出技术处理方案，并经监理（建设）单位认可后处理。对经处理的部位，应重新检查验收。

检验数量：全数检查。

检验方法：观察检查，检查技术处理方案。

② 一般项目。装配式混凝土结构后浇混凝土的外观质量不宜有一般缺陷。对已经出现的一般缺陷，应由施工单位按技术处理方案处理，并重新检查验收。

检验数量：全数检查。

检验方法：观察，检查技术处理方案。

（4）预制构件安装

① 主控项目

a.对于工厂生产的预制构件，进场时应检查其质量证明文件和表面标识。预制构件的质量、标识应符合设计要求及现行国家相关标准的规定。

检验数量：全数检查。

检验方法：观察，检查出厂合格证及相关质量证明文件。

b.预制构件安装就位后，连接钢筋、套筒或浆锚的主要传力部位不应出现影响结构性能和构件安装施工的尺寸偏差。

对已经出现的影响结构性能的尺寸偏差，应由施工单位提出技术处理方案，并经监理（建设）单位许可后处理，对经过处理的部位，应重新检查验收。

检验数量：全数检查。

检验方法：观察，检查技术处理方案。

c.预制构件安装完成后，外观质量不应有影响结构性能的缺陷。

对已经出现的影响结构性能的缺陷，应由施工单位提出技术处理方案，并经监理（建设）单位认可后处理，对经过处理的部位，应重新检查验收。

检验数量：全数检查。

检验方法：观察，检查技术处理方案。

d.预制构件与主体结构之间、预制构件与预制构件之间的钢筋接头应符合设计要求。施工前应对接头施工进行工艺检验。

采用机械连接时，接头质量应符合现行行业标准《钢筋机械连接技术规程》（JGJ 107）的要求；采用灌浆套筒时，接头抗拉强度及残余变形应符合现行行业标准《钢筋机械连接技术规程》（JGJ 107）中Ⅰ级接头的要求；采用浆锚搭接连接钢筋时，浆锚搭接连接接头的工艺检验应按有关规范执行。

采用焊接连接时，接头质量应符合现行行业标准《钢筋焊接及验收规程》（JGJ 18）的要求，检查焊接产生的焊接应力和温差是否造成预制构件出现影响结构性能的缺陷，对已经出现的缺陷，应处理合格后，再进行混凝土浇筑。

检验数量：全数检查。

检验方法：观察，检查施工记录和检测报告。

e. 灌浆套筒进场时,应抽取套筒采用与之匹配的灌浆料制作对中连接接头,并做抗拉强度检验,检验结果应符合现行行业标准《钢筋机械连接技术规程》(JGJ 107)中Ⅰ级接头对抗拉强度的要求。接头的抗拉强度不应小于连接钢筋抗拉强度标准值,且破坏时应断于接头外钢筋。

检验数量:同一原材料、同一炉(批)号、同类型、同一规格的灌浆套筒,检验批量不应大于1000个,每批随机抽取3个灌浆套筒制作接头,并应制作不少于1组40mm×40mm×160mm的灌浆料强度试件。

检验方法:检查质量证明文件和抽样检测报告。

f. 灌浆套筒进场时,应抽取试件检验外观质量和尺寸偏差,检验结果应符合现行行业标准《钢筋连接用灌浆套筒》(JG/T 398)的有关规定。

检验数量:同一原材料、同一炉(批)号、同一类型、同一规格的灌浆套筒,检验批量不应大于1000个,每批随机抽取10个灌浆套筒。

检验方法:观察,尺量检查。

g. 灌浆料进场时,应对其拌合物30min流动度、泌水率及1d强度、28d强度、3h膨胀率进行检验,检验结果应符合现行行业标准《钢筋连接用套筒灌浆料》(JG/T 408)和设计的有关规定。

检验数量:同一成分、同一工艺、同一批号的灌浆料,检验批量不应大于50t,每批按现行行业标准《钢筋连接用套筒灌浆料》(JG/T 408)的有关规定随机抽取灌浆料制作试件。

检验方法:检查质量证明文件和抽样检测报告。

h. 施工现场灌浆施工中,灌浆料的28d抗压强度应符合设计要求及现行行业标准《钢筋连接用套筒灌浆料》(JG/T 408)的规定,用于检验强度的试件应在灌浆地点制作。

检验数量:每工作班取样不得少于1次,每楼层取样不得少于3次、每次抽取1组试件,每组3个试块,试块规格为40mm×40mm×160mm的灌浆料强度试件,标准养护28d后,做抗压强度试验。

检验方法:检查灌浆施工记录及试件强度试验报告。

i. 后浇连接部分的钢筋品种、级别、规格、数量和间距应符合设计要求。

检验数量:全数检查。

检验方法:观察,钢尺检查。

j. 预制构件外墙板与构件、配件的连接应牢固、可靠。

检验数量:全数检查。

检验方法:观察。

k. 连接节点的防腐、防锈、防火和防水构造措施应满足设计要求。

检验数量:全数检查。

检验方法:观察,检查检测报告。

l. 承受内力的接头和拼缝,当其混凝强度未达到设计要求时,不得吊装上一层结构构件;当设计无具体要求时,应在混凝土强度不小于10MPa或具有足够的支撑时,方可吊装上一层结构构件。已安装完毕的装配式混凝土结构,应在混凝土强度达到设计要求后,方可承受全部荷载。

检验数量:全数检查。

检验方法:观察,检查混凝土同条件试件强度报告。

m. 装配式混凝土结构预制构件连接接缝处防水材料应符合设计要求，并具有合格证、厂家检测报告及进厂复试报告。

检验数量：全数检查。

检验方法：观察，检查出厂合格证及相关质量证明文件。

② 一般项目

a. 预制构件的外观质量不宜有一般缺陷。

检验数量：全数检查。

检验方法：观察。

b. 预制构件安装的尺寸允许偏差及检验方法应符合表 5-3-9 的规定。对于施工过程临时使用的预埋件中心线位置及后浇混凝土部位的预制构件尺寸偏差，可按表中的规定再放大 1 倍执行。

检验数量：同生产企业、同一品种的构件，不超过 1000 件为一批，每批抽查构件数量的 5%，且不少于 3 件。

c. 装配式混凝土结构钢筋套筒连接或浆锚搭接连接灌浆应饱满，所有出浆口均应出浆。

检验数量：全数检查。

检验方法：观察。

d. 装配式混凝土结构安装完毕后，预制构件安装尺寸允许偏差及检验方法应符合表 5-3-9 的要求。

表 5-3-9 预制构件安装尺寸允许偏差及检验方法

| 项目 | | | 允许偏差/mm | 检验方法 |
| --- | --- | --- | --- | --- |
| 轴线中心线对轴线位置 | 竖向构件（柱、墙、桁架） | | 5 | 尺量检查 |
| | 水平构件（梁、板） | | 5 | |
| 构件标高 | 梁、柱、墙、板底面或顶面 | | ±5 | 水准仪或尺量检查 |
| 构件垂直度 | 柱、墙 | <5m | 5 | 2m 靠尺检查 |
| | | ≥5m 且<10m | 10 | |
| | | ≥10m | 20 | |
| 构件倾斜度 | 梁、桁架 | | 5 | 垂线、钢尺量测 |
| 相邻构件平整度 | 板端面 | | 5 | 钢尺、塞尺量测 |
| | 梁、板底面 | 抹灰 | 5 | |
| | | 不抹灰 | 3 | |
| | 柱、墙侧面 | 外露 | 5 | |
| | | 不外露 | 10 | |
| 构件搁置长度 | 梁、板 | | ±10 | 尺量检查 |
| 支座、支垫中心位置 | 板、梁、柱、墙、桁架 | | 10 | 尺量检查 |
| 墙板接缝 | 宽度 | | ±5 | 尺量检查 |

检验数量：按楼层、结构缝或施工段划分检验批。在同一检验批内，对梁、柱应抽查构件数量的 10%，且不少于 3 件；对墙和板，应按有代表性的自然间抽查 10%，且不少于 3 间；对大空间结构、墙可按相邻轴线间高度 5m 左右划分检查面，板可按纵、横轴线划分检查面，抽查 10%，且均不少于 3 面。

e. 装配式混凝土结构预制构件的防水节点构造做法应符合设计要求。

检验数量：全数检查。

检验方法：观察。

f. 建筑节能工程进厂材料和设备的复验报告、项目复试要求，应按有关规范规定执行。

检验数量：全数检查。

检验方法：检查施工记录。

#### 5.3.2.4 隐蔽工程验收

装配式混凝土结构工程应在安装施工及浇筑混凝土前完成下列隐蔽项目的现场验收：

① 预制构件与预制构件之间、预制构件与主体结构之间的连接应符合设计要求。

② 预制构件与后浇混凝土结构连接处混凝土粗糙面的质量或键槽的数量、位置。

③ 后浇混凝土中钢筋的牌号、规格、数量、位置。

④ 钢筋连接方式、接头位置、接头数量、接头面积百分率、搭接长度、锚固方式、锚固长度。

⑤ 结构预埋件、螺栓连接、预留专业管线的数量与位置。构件安装完成后，在对预制混凝土构件拼缝进行封闭处理前，应对接缝处的防水、防火等构造做法进行现场验收。

#### 5.3.2.5 结构实体检验

根据现行国家标准《建筑工程施工质量验收统一标准》（GB 50300）的规定，在混凝土结构子分部工程验收前应进行结构实体检验。对结构实体进行检验，并不是在子分部工程验收前的重新检验，而是在相应分项工程验收合格的基础上，对涉及结构安全的重要部位进行的验证性检验，其目的是强化混凝土结构的施工质量验收，真实地反映结构混凝土强度、受力钢筋位置、结构位置与尺寸等质量指标，确保结构安全。

对于装配式混凝土结构工程，对涉及混凝土结构安全的有代表性的连接部位及进厂的混凝土预制构件应做结构实体检验。结构实体检验分现浇和预制两部分，包括混凝土强度、钢筋直径、间距、混凝土保护层厚度以及结构位置与尺寸偏差。当工程合同有约定时，可根据合同确定其他检验项目和相应的检验方法、检验数量、合格条件。

结构实体检验应由监理工程师组织并见证，混凝土强度、钢筋保护层厚度应由具有相应资质的检测机构完成，结构位置与尺寸偏差可由专业检测机构完成，也可由监理单位组织施工单位完成。为保证结构实体检验的可行性、代表性，施工单位应编制结构实体检验专项方案，并经监理单位审核批准后实施。结构实体混凝土同条件养护试件强度检验的方案应在施工前编制，其他检验方案应在检验前编制。

装配式混凝土结构位置与尺寸偏差检验同现浇混凝土结构，混凝土强度、钢筋保护层厚度检验可按下列规定执行：

① 连接预制构件的后浇混凝土结构同现浇混凝土结构。

② 进场时，不进行结构性能检验的预制构件部位同现浇混凝土结构。

③ 进场时，按批次进行结构性能检验的预制构件部分可不进行。

混凝土强度检验宜采用同条件养护试块或钻取芯样的方法，也可采用非破损方法。

当混凝土强度及钢筋直径、间距，混凝土保护层厚度不满足设计要求时，应委托具有资质的检测机构按现行国家有关标准的规定做检测鉴定。

### 5.3.3 装配式混凝土结构子分部工程验收

装配式混凝土结构应按混凝土结构子分部工程进行验收，装配式结构部分可作为混凝土结构子分部工程的分项工程进行验收，现场施工的模板支设、钢筋绑扎、混凝土浇筑等内容应分别纳入模板、钢筋、混凝土、预应力等分项工程进行验收。混凝土结构子分部工程的划分如图5-3-4所示。

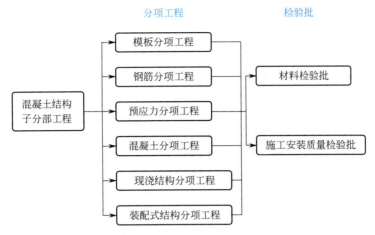

图 5-3-4　混凝土结构子分部工程的划分

（1）验收应具备的条件

装配式混凝土结构子分部工程施工质量验收应符合下列规定：

① 预制混凝土构件安装及其他有关分项工程施工质量验收合格。

② 质量控制资料完整，符合要求。

③ 观感质量验收合格。

④ 结构实体验收满足设计或标准要求。

（2）验收程序

根据现行国家标准《建筑工程施工质量验收统一标准》（GB 50300）的规定，混凝土分部工程验收由总监理工程师组织施工单位项目负责人和项目技术、质量负责人进行验收。当主体结构验收时，设计单位项目负责人，施工单位技术、质量部门负责人应参加，鉴于装配式结构工程刚刚兴起，各地区对验收程序提出更严格的要求，要求建设单位组织设计、施工、监理和预制构件生产企业共同验收并形成验收意见，对规范中未包括的验收内容，应组织专家论证验收。

（3）验收时应提交的资料

装配式混凝土结构工程验收时应提交以下资料：

① 施工图设计文件。

② 工程设计单位确认的预制构件深化设计图，设计变更文件。

③ 装配式混凝土结构工程所用各种材料、连接件及预制混凝土构件的产品合格证书、性能测试报告、进场验收记录和复试报告。

④ 装配式混凝土工程专项施工方案。

⑤ 预制构件安装施工验收记录。

⑥ 钢筋套筒灌浆或钢筋浆锚搭接连接的施工检验记录。

⑦ 隐蔽工程检查验收文件。

⑧ 后浇筑节点的混凝土、灌浆料、坐浆材料强度检测报告。

⑨ 外墙淋水试验、喷水试验记录，卫生间等有防水要求的房间蓄水试验记录。
⑩ 分项工程验收记录。
⑪ 装配式混凝土结构实体检验记录。
⑫ 工程的重大质量问题的处理方案和验收记录。
⑬ 其他质量保证资料。

（4）不合格处理

当装配式混凝土结构子分部工程施工质量不符合要求时，应按下列规定进行处理：

① 经返工、返修或更换构件、部件的检验批，应重新进行验收。

② 经有资质的检测机构检测鉴定能够达到设计要求的检验批，应予以验收。

③ 经有资质的检测机构检测鉴定达不到设计要求，但经原设计单位核算并认为能够满足结构安全和使用工程的检验批，可予以验收。

④ 经返修或加固处理能够满足结构安全使用功能要求的分项工程，可按技术处理方案和协商文件的要求予以验收。

## 5.4 装配式混凝土结构安装安全措施

### 5.4.1 安全措施

① 结构吊装完成2层以后要开始搭设安全网（见图5-4-1），多层和高层施工时，安全网要逐层提升，不准隔层提升。高层施工还应在2层、6层设置固定安全网。安全网内侧边缘与窗墙的缝隙不得大于20cm。安全网挑出高度不小于2.5m，有吊装机械一侧最小距离不小于1.5m。

② 屋面施工的防护工具，主要是防护栏杆卡具。

将防护栏杆卡具卡在屋顶板挑檐部位，间距一般为3m，把安全网挂在卡具的立杆上，防止屋面操作人员坠落。这种卡具也可用于结构吊装时楼梯口的防护，用焊接钢筋网片挂在卡具上，形成防护栏杆，如图5-4-2所示。

图5-4-1 安全网使用

5-1 装配式施工的安全管理—装配式施工存在的危险源

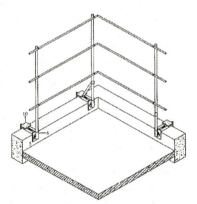

图5-4-2 屋顶挑檐防护栏杆卡具示意

③ 楼板上的预留孔施工时用钢箅子覆盖，防止操作人员坠落摔伤。

## 5.4.2 安全要求

（1）使用机械的安全要求

5-2 装配式施工的安全管理—吊装的安全管理

① 吊装前必须检查吊具、支撑、钢丝绳等起重用品的性能是否完好。

② 对新到、修复或改装的起重机在使用前必须进行检查、试吊；要进行静、动负荷试验。试验时，所吊重物为最大起重量的125%，且离地面1m，悬空10min。

③ 起重机工作时，严禁触碰高压线，起重臂、钢丝绳、重物等与架空电线要保持一定的安全距离，如表5-4-1、表5-4-2所示。

表 5-4-1　起重机吊杆最高点与电线之间应保持的垂直距离

| 线路电压 | 距离不小于 /m | 线路电压 | 距离不小于 /m |
| --- | --- | --- | --- |
| 1kV 以下 | 1.5 | 20kV 以上 | 2.5 |
| 20kV 以下 | 1.5 | | |

表 5-4-2　起重机与电线之间应保持的水平距离

| 线路电压 | 距离不小于 /m | 线路电压 | 距离不小于 /m |
| --- | --- | --- | --- |
| 1kV 以下 | 1.5 | 110kV 以下 | 4 |
| 20kV 以下 | 2 | 220kV 以下 | 6 |

④ 起重机停止工作时，起动装置要关闭上锁。吊钩必须升高，防止摆动伤人，并不得悬挂重物。

（2）操作人员的安全要求

① 进入施工现场必须戴安全帽，操作人员要持证上岗，严格遵守国家行业标准《建筑施工安全检查标准》及建筑施工安全管理标准和企业的有关安全操作规程。

② 灌浆施工人员培训合格后持证上岗。

③ 对于安全负责人的指令，要自上而下宣贯，确保对程序、要点进行完整传达和指示。

④ 严格执行国家、行业和企业的安全生产法规和规章制度，认真落实各级各类人员的安全生产责任。

⑤ 建立健全安全施工管理、安全学习、劳动保护制度，明确各级安全职责，检查督促各管理人员、各施工人员落实安全生产责任制，组织全体职工进行安全教育工作；定期组织召开安全施工会议，巡视施工现场，发现隐患，及时解决。

（3）现场安全设施

① 严格遵守现场的安全规章制度，所有人员必须参加大型安全活动。

② 在吊装区、安装区设置临时围栏、警示标志，临时拆除安全设施（洞口护网、湖口水平防护）时也一定要取得安全负责人的许可，离开操作场所时需要对安全设施进行复位。

5-3 装配式施工的安全管理—人、构件运输、场地存放等安全管理

③ 工人不得在安装范围下方穿越。

④ 操作结束时一定要收拾现场、整理整顿，特别在结束后要对工具进行清点。

⑤ 定期检查配电箱、电线的使用情况。发现破损、漏电等问题，必须立即停用送修。所有用电必须采用三级安全保护，严禁一闸多机。

⑥ 构件运输车辆司机运输时应该熟悉现场的道路情况，驾驶运输车辆应按照现场规定的行车路线行驶，避免由于司机对场地道路情况不熟悉，导致车辆途中无法掉头等问题，从而造成可能的安全隐患。

⑦ 预制构件卸车时，应首先确保车辆平衡，并按照一定的装卸顺序进行卸车，避免由于卸车顺序不合理带来车辆倾覆等安全隐患。

⑧ 预制构件卸车后，应按照现场规定，将构件按编号或按使用顺序，依次存放在构件堆放场地，严禁乱摆乱放而造成构件倾覆等安全隐患，构件堆放场地应设定合理稳妥的固定措施，避免构件存放时因固定措施不足而带来的可能的安全隐患。

⑨ 安全作业开始前，应对安装作业区进行围护并竖立明显的标识，拉警戒线，并派专人看管，严禁与安装无关的人员进入。

⑩ 针对本工程的施工特点，对从事预制构件吊装的作业人员及相关施工人员进行有针对性的培训与交底，明确预制构件进场、卸车、存放、吊装、就位等环节可能存在的作业风险，以及如何避免危险出现的措施。

⑪ 吊装指挥系统是构件吊装的核心，也是影响吊装安全的关键因素。因此，应实行定机、定人、定岗、定责任，使整个吊装过程有条不紊地顺序进行，避免由于指挥不当等问题造成的安全隐患。

⑫ 吊装作业开始后，应定期、不定时地对预制构件吊装作业所用的工器具、吊具、锁具进行检查，一经发现有可能存在的使用风险，应立即停止使用。

⑬ 吊机吊装区域内，非操作人员禁止入内，吊装时操作人员精力要集中，并服从指令号令，严禁违章作业。施工现场使用吊车作业时严格执行"十不吊"的规定。

## 5.5 环境保护措施

装配式混凝土建筑结构施工过程中，施工场地和作业应当限制在工程建设允许的范围内，合理布局，规范围挡，做到标牌清楚、齐全，各种标识醒目，施工场地整洁文明。

在施工现场应加强对废水、污水的管理，现场应设置污水池和排水沟。废水、废弃料应统一处理，严禁未经处理而直接排入下水管道。

在预制构件安装施工期间，严格控制噪声，遵守《建筑施工场界环境噪声排放标准》（GB 12523—2011）的规定，加强环保意识的宣传，采用有力措施控制人为的施工噪声，严格管理，最大限度地减少噪声扰民。

施工现场各类材料集中整齐堆放，并悬挂标识牌，严禁乱堆乱放，不得占用施工临时道路，并做好防护隔离。

施工现场实行硬化地面：工地内外通道、临时设施、材料堆放、加工场、仓库地面等进行混凝土硬化，并保持其清洁卫生，避免扬尘污染周围环境。

施工现场必须保证道路畅通、地面平整，无大面积积水，场内设置连续、畅通的排水系统。

合理安排施工顺序，均衡施工，避免同时操作，集中生产噪声。

全体人员应有防噪扰民意识。禁止构件运输车辆高速运行，并禁止鸣笛，材料运输车辆停车卸料时应熄火。

构件运输、装卸时应防止不必要的噪声产生，施工时严禁敲打构件、钢管等。

钢筋焊接时采用镶有特别防护镜片的面罩。

现场设置处理雨水与降水的收集池，收集的水源经有关部门检验符合养护用水要求后，进行现场混凝土养护。

焊工必须穿好工作服，戴好防护手套和鞋盖。工作服要用反射系数大的纺织品制作。

混凝土浇筑与振捣要设置降噪装置，减少对周边环境的影响。

起重机、运输车辆以及动力设备进场前和施工作业中要严格维护、保养，做到排放不达到国家标准不进场。进场后排放不达标禁止使用。

起重机、运输车辆以及动力设备加装三元催化装置，减少尾气有害成分的排放。

现场应采用节水型产品，减少水资源浪费，并设立循环用水装置。

现场混凝土养护用水提前编制养护用水措施，严禁无措施养护混凝土导致水资源浪费。

施工中产生的工业垃圾，如焊条的残渣、被切割下的钢筋头、废木板及木方、残留混凝土，应集中回收，严禁乱丢乱弃，造成周边环境污染。

##  能力训练题

### 一、单选题

1. 为了确保预制构件质量，构件生产要处于严密的质量管理和控制之下，下列选项中不属于对于质量检测要求的是（　　）。

   A. 质量检验工作制订明确的管理要求

   B. 产生的误差超过规定的要求又不是偏差太大时，可以算作合格产品

   C. 质量检测贯穿了整个生产和吊装以及运输阶段

   D. 对质检人员进行技术交底，规定检验的人员和职责

2. 台座的质量会影响到预制构件的质量，台座主要分为混凝土台座和钢台座两种，台座表面要保持平整光滑，在2m内的台座表面平整度不能超过（　　）。

   A. 1mm　　　　B. 2mm　　　　C. 3mm　　　　D. 5mm

3. PC装配式剪力墙结构技术的应用打破了传统建造方式受工程作业面和气候影响的原因是（　　）。

   A. 大幅度地提高劳动生产效率　　　　B. 节省能源

   C. 缩短了生产周期、安装周期　　　　D. "空间换时间"

4. 中国是当今世界最大的建筑市场，为顺应需求强大、市场广阔的特点，国家提出了（　　）。

   A. 加快城镇化建设　　　　B. 建筑节能与绿色建筑

   C. 推动建筑工业化　　　　D. 推进供给侧结构性改革

5.《国家中长期科学和技术发展规划纲要（2006—2020年）》中"城镇化与城市发展"重点领域中，"建筑节能与绿色建筑"以及（　　）是优先主题任务。

   A. "推动建筑工业化"　　　　B. "绿色建造与施工关键技术研发"

   C. "建筑施工与工程装备"　　　　D. "加快城镇化建设"

6. 装配整体式混凝土结构由预制混凝土构件或部件通过各种可靠的方式进行连接，并与现场浇筑的混凝土形成整体的混凝土结构，其期望的效果是（　　）。

A. 使装配式混凝土结构比现浇混凝土结构有更低的成本
B. 使装配式混凝土结构比现浇混凝土结构有更高的效率
C. 使装配式混凝土结构比现浇混凝土结构更加节省能源和有利于环境的保护
D. 使装配式混凝土结构具有与现浇混凝土结构完全等同的整体性、稳定性和延性

7. 预制构件的混凝土强度等级不宜低于（　　），预应力混凝土预制构件的混凝土强度等级不宜低于（　　），现浇混凝土的强度等级不应低于（　　）。

A. C30，C40，C25　　　　　　　　B. C30，C25，C40
C. C25，C30，C40　　　　　　　　D. C20，C40，C25

8. 构件吊装前其混凝土强度应符合设计要求，设计未规定时，应达到设计强度标准值的（　　）以上。

A. 50%　　　　B. 75%　　　　C. 90%　　　　D. 100%

9. 装配式房屋建筑项目施工招标应设置最高投标限价，并在招标文件中明确最高限价的组成范围。装配式房屋建筑±0.000以上结构部分的建筑工程最高限价应当不超过同口径现浇结构±0.000以上部分建筑工程造价的（　　）。

A. 105%　　　　B. 110%　　　　C. 115%　　　　D. 120%

10.（　　）结构工业化程度高，无梁柱外露，房间空间完整；整体性好，承载力强，刚度大，侧向位移小，抗震性能很好，在高层建筑中应用广泛。

A. 装配式剪力墙　　B. 装配式框架　　C. 框架剪力墙　　D. 预制装配式

11. 下列说法正确的是（　　）。

A. 装配式高层建筑含精装修可在半年内完成
B. 装配式建筑不能完全解决传统建筑方式普遍存在的"质量通病"
C. 装配式建筑的现场用人少，时间短，综合成本降低
D. 装配式建筑的一大变革是将农民工变成操作工人

12. 各省市、自治区关于建筑工业化的政策中，出台了针对装配式建筑的奖励、补贴政策并且提出以土地源头实行"两个强制比率"的省或市是（　　）。

A. 上海　　　　B. 安徽　　　　C. 江苏　　　　D. 山东

## 二、多选题

1. 预制框架-现浇剪力墙结构形式的优点有（　　）。

A. 节能环保，更符合绿色建筑理念
B. 抗震性较好，是国际上超高层建筑广泛采用的结构形式
C. 能够获得尽量宽敞的使用空间
D. 主功能空间占据最佳的采光位置
E. 现场拼装误差率小

2. 预制框架-现浇核心筒是在建筑的中央部分，由电梯井道、楼梯、通风井、电缆井、公共卫生间、部分设备间围护形成中央核心筒，与外围框架形成一个外框内筒结构，其优点是（　　）。

A. 能够获得尽量宽敞的使用空间
B. 主功能空间占据最佳的采光位置，并达到视线良好、内部交通便捷的效果
C. 抗震性较好
D. 现场施工，用工量少，效率高

E. 以上均不符合题意

3.《国务院办公厅关于大力发展装配式建筑的指导意见》中提出的重点任务包括（　　）。

A. 增加预制构件厂房数量　　　　B. 创新装配式建筑设计

C. 推行工程总承包　　　　　　　D. 健全标准规范体系

E. 以上均不符合题意

### 三、判断题（正确的后面写"Y"，错误的写"N"）

1. 在预制构件的吊装和运输过程中，应该加大施工人员与指挥人员的沟通，施工人员在构件吊装过程中应该服从指挥人员的调度和分配，并在安全位置进行作业，避免发生意外。（　　）

2. 预制构件的制作，预埋件以及管道的位置要做到精准，由厂方质检完成后附加合格说明，在现场装配之前，监理方要进行复查，准确无误后方可进行装配。（　　）

3. 在进行楼梯、阳台等构件吊装的过程中，如果发现同一构件上的起吊点存在高度差，那么应当在低点处用葫芦拉接，确保起吊处的平稳。（　　）

4. 梁吊装前应将所有梁底标高进行统计，有交叉部分梁的吊装方案根据先高后低的顺序进行施工。（　　）

5. 施工前对所有预制构件做分类统计，测算最重构件，以此为基础选择相应的起重设施，相关的吊装人员一定要先对构件的质量、形状以及需要安装的高度进行具体的确定，然后根据安装的要求来选择合适的吊运机械。（　　）

# 综合能力训练题

### 一、单选题

1. 预制剪力墙结构体系使用较多的竖向钢筋连接是（　　），降低了套筒的使用数量，也降低了综合成本。
   A. 底部预留后浇区连接　　　　　　　　B. 套筒灌浆连接
   C. 螺旋箍筋约束浆锚搭接连接　　　　　D. 金属波纹管浆锚搭接连接

2. 试吊预制梯段，试起吊高度不应超过（　　）。
   A. 1m　　　　　B. 1.5m　　　　　C. 2m　　　　　D. 2.2m

3. 装配式项目相比传统项目增加了哪两个实施流程？（　　）
   A. 方案设计、初步设计　　　　　　　　B. 深化加工图设计、构件加工
   C. 门窗深化、栏杆深化　　　　　　　　D. 精装修设计、施工组织设计

4. 装配整体式结构不需要验算接缝承载力的部位是（　　）。
   A. 梁端接缝　　B. 柱底接缝　　C. 剪力墙底接缝　　D. 板端接缝

5. 装配式建筑施工前期甲方（监理）的工作内容为（　　）。
   A. 施工流水，场地规划，构件安装，构件拆分
   B. 配合图纸设计，预留预埋，图纸确认，验收策划，施工策划
   C. 组织协同，组织协调，责任划分，精装定位，验收
   D. 配合图纸设计，预留预埋，图纸确认，生产周期策划，模具设计

6. PCF板存放架为（　　）型。
   A. 一字、X　　　　　　　　　　　　　B. 一字、W
   C. 竖向、站立　　　　　　　　　　　　D. 一字、L

7. 下列选项不属于PC构件生产作业流程的是哪个？（　　）
   A. 装模区域标准作业流程　　　　　　　B. 洗水区域标准作业流程
   C. 运输区域标准作业流程　　　　　　　D. 成品区域标准作业流程

8. 在对预制外墙进行灌浆施工时，下列说法哪个正确？（　　）

A. 出浆孔在第二排，灌浆孔在第一排

B. 先从第二排灌浆孔注浆，待第一排出浆孔有浆液溢出时停止注浆

C. 灌浆作业时有一名施工人员即可

D. 同一面墙体可分多次进行灌浆作业

9. 日本工业化住宅的参与主体不包括（　　）。

  A. 住宅工团　　　　B. 都市机构　　　　C. 民间企业　　　　D. 日本政府

10. 在（　　）的新建住宅中，采用通用部件的住宅占80%以上。

  A. 美国　　　　　　B. 新加坡　　　　　C. 瑞典　　　　　　D. 日本

11. 下列选项中不属于装配式混凝土框架结构优点的是（　　）。

  A. 结构传力路径明确　　　　　　　　B. 节省资源、施工快捷

  C. 现浇湿作业少　　　　　　　　　　D. 装配效率高

12. 以竖向钢筋连接技术为主要区别，预制剪力墙体系可以分为（　　）。

A. 套筒灌浆连接的预制剪力墙、T形连接的预制剪力墙

B. 一维连接的预制剪力墙、二维连接的预制剪力墙、三维连接的预制剪力墙

C. 套筒灌浆连接的预制剪力墙、浆锚搭接连接的预制剪力墙、底部预留后浇区的预制剪力墙

D. 三维连接的预制剪力墙、二维连接的预制剪力墙、底部预留后浇区的预制剪力墙

13. 装配式建筑构造体系在装配率到达20%~25%时宜选择（　　）方案。

A. 叠合板等水平构件+预制挂板构件或叠合板等水平构件+PCF板构件

B. 预制水平构件+剪力墙等竖向构件

C. 现浇水平构件+剪力墙等竖向构件

D. 叠合板等水平构件预制

14. 装配整体式建筑构造可采用湿式连接或干式连接，下面关于湿式连接的说法，不正确的是（　　）。

A. 湿式连接整体性能更好

B. 湿式连接需要后浇混凝土，现场工作量大

C. 湿式连接承载力和刚度均较干式连接大

D. 湿式连接施工工期较长

15. 以下关于浆锚搭接连接说法错误的是（　　）。

A. 与灌浆套筒相比，浆锚搭接成本较低

B. 浆锚搭接适用于剪力墙构造分布钢筋连接

C. 浆锚搭接适用钢筋直径不大于20mm和直接承受动力荷载的钢筋连接

D. 浆锚搭接属于搭接连接的一种，由于约束环的作用，大大减少了搭接长度

16. 关于叠合梁连接，以下说法不正确的是（　　）。

A. 次梁端部与主梁连接时，应将上部主筋锚入主梁

B. 叠合梁连接包括叠合梁对接连接和主次梁连接

C. 叠合梁对接连接应设置后浇段，箍筋正常配置

D. 叠合主次梁连接需设置后浇段

17. 关于后浇连接混凝土，以下说法不正确的是（　　）。

A. 连接混凝土宜采用早强混凝土

B. 预制构件连接处混凝土浇筑和振捣时，应对模板和支架进行观察和维护，发生异常情况应及时进行处理

C. 连接处混凝土强度等级应等于所连接的各预制构件混凝土设计强度等级中的较大值

D. 同一连接接缝的混凝土应连续浇筑，并应在底层混凝土初凝之前将上一层混凝土浇筑完毕

18. 预制楼梯踏步梯段的支撑方式一般有（　　）四种形式。

A. 墙承楼梯、板式楼梯、旋转楼梯和吊挂式楼梯

B. 梁式楼梯、板式楼梯、悬臂式楼梯和吊挂式楼梯

C. 梁式楼梯、板式楼梯、悬臂式楼梯和双剪楼梯

D. 墙承楼梯、板式楼梯、旋转楼梯和多跑楼梯

19. 下面哪个不是夹芯保温外墙板的组成局部？（　　）

A. 保温层　　　　B. 叶板　　　　C. 密封胶　　　　D. 外叶板

20. 预制率是指装配式混凝土建筑室外地坪以上主体构造和围护构造中预制构件局部的材料用量占对应构件材料总用量的（　　）。

A. 重量比　　　　B. 面积比　　　　C. 数量比　　　　D. 体积比

21.《钢筋套筒灌浆连接应用技术规程》（JGJ 355—2015）中规定现浇结构施工后外露钢筋的长度、顶点标高允许偏差为（　　）mm。

A. 0 ~ +5　　　　B. 0 ~ +10　　　　C. 0 ~ +15　　　　D. 0 ~ +20

## 二、多选题

1. 混凝土预制构件深化设计图包括（　　）。

A. 预制构件模板图　　　　　　　　B. 预制构件配筋图

C. 预制构件预留预埋图　　　　　　D. 预制构件模具设计图

E. 预制构件大样图

2. 西伟德的双墙拼装结构体系的体系特点是（　　）。

A. 节约能源　　　B. 施工快捷　　　C. 制作过程复杂　　　D. 整体性好

E. 以上均不符合题意

3. 下列选项中属于上海万科新里程项目采用工厂化方式后与现浇结构相比展现出的优势的是（　　）。

A. 工程施工周期短，劳动力资源投入相对减少

B. 成型模具和生产设备一次性投入后可重复使用，耗材少，节约资源与费用

C. 现场装配、连接施工方便、快捷，但用电、用水相对较高

D. 建筑废弃物得到抑制，扬尘、噪声污染得到有效控制

E. 以上均不符合题意

4. 预制构件与（　　）的接触结合面，应设置粗糙面或者键槽，以保证其连接性能。

A. 后浇混凝土　　B. 灌浆料　　　C. 坐浆材料

D. 预制构件　　　E. 以上均不符合题意

5. 与传统现浇结构相比，装配式混凝土结构工程质量控制的特点有（　　）。

A. 质量管理工作前置　　　　　　B. 质量控制重点转移至构件制作阶段

C. 设计更加精细化　　　　　　　D. 工程质量更易保证

E. 信息技术应用加强

6. 日本认为，预制装配建筑分为（　　）。
   A. 预应力混凝土建筑　　　　　　　B. 木结构建筑
   C. 预制钢结构建筑　　　　　　　　D. 预制混凝土建筑
   E. 以上都不符合题意

7. 目前我国大板房存在着很多缺陷，需要去改造和处理，下列属于大板房缺陷的是（　　）。
   A. 墙体严重裂纹，钢筋裸露，墙体、屋面、楼面渗漏，隔声、保温性能差
   B. 施工技术和建材质量差
   C. 空调机位、有线电视、管道煤气等诸多的设施都没在设计的范围之内
   D. 超期服役
   E. 以上都不符合题意

8. 下列是我国装配式混凝土结构发展新机遇的是（　　）。
   A. 需求强大，市场广阔　　　　　　B. 符合"四节一环保"和产业转型升级
   C. 技术已趋于完善　　　　　　　　D. 符合科技发展规划
   E. 以上均不符合题意

9. 预制混凝土构件除满足使用阶段的计算外，还应进行（　　）等工况的施工验算。
   A. 翻转　　　　B. 运输　　　　C. 吊装　　　　D. 安装
   E. 堆放

10. 新加坡在早期探索并发展建筑工业化的历程中经历过失败，从这次失败中总结出来的经验是（　　）。
    A. 建筑工业化不一定适合所有的工程项目
    B. 建筑工业化需要大量的可建造工程数量以降低建筑成本
    C. 建筑工业化需要在所有技术成熟以后才可以进行
    D. 建筑工业化最重要的是要保证预制构件产品的生产和现场工作计划的协调
    E. 以上均不符合题意

11. 日本装配整体式 PC 结构的优点包括（　　）。
    A. 节省大量的施工模板
    B. 安装精度高，保证质量
    C. 结构具有良好的整体性、承载力特性和抗震性能
    D. 减少劳动力，降低施工成本，交叉作业方便，加快施工进度
    E. 以上均不符合题意

12. 预制楼梯与支撑构件连接有哪几种？（　　）
    A. 一端固定支座一端滑动支座的方式
    B. 一端固定支座一端滑动铰节点的方式
    C. 两端都是固定支座的方式
    D. 一端固定铰节点一端滑动铰节点的简支方式
    E. 两端都是滑动支座

13. 预制楼梯安装构造说法正确的是（　　）。
    A. 预制楼梯伸出钢筋部位的混凝土外表与现浇混凝土结合处应做成粗糙面
    B. 预制板的粗糙面凹凸深度不应小于 6mm
    C. 预制梁端、预制柱端、预制墙端的粗糙面凹凸深度不应小于 6mm

D. 粗糙面的面积不宜小于结合面的70%

E. 以上均不符合题意

14. 装配式建筑的重要评价指标包括（　　）。
    A. 预制率　　　　B. 生产率　　　　C. 装配率　　　　D. 工程评价
    E. 配筋率

15. 以下关于全灌浆套筒和半灌浆套筒的说法，正确的有（　　）。
    A. 不同钢筋尺寸应对应不同规格的灌浆套筒，严禁混用
    B. 半灌浆套筒非灌浆段可采用钢筋螺纹连接方式
    C. 全灌浆套筒对钢筋的定位要求更高
    D. 同样规格的半灌浆套筒比全灌浆套筒短，节省材料，减少连接区域长度
    E. 以上均不符合题意

16. 装配整体式框架构造的优点是（　　）。
    A. 节点钢筋密度小，现场操作方便
    B. 可以根据具体情况确定预制方案，方便得到较高的预制率
    C. 构造自重较小，计算理论比较成熟
    D. 建筑平面布置灵活，用户可以根据需求对内部空间进行调整
    E. 以上均不符合题意

17. 关于叠合楼板，以下说法正确的是（　　）。
    A. 板侧采用别离式板缝设计，则该板一定是单向板
    B. 叠合板按预制板接缝构造、支座构造、长宽比等可分为单向板或双向板
    C. 当板跨度大于6m时，宜采用桁架钢筋混凝土叠合板
    D. 叠合板可采用覆盖薄膜自然养护、封闭蒸汽养护等方式
    E. 以上均不符合题意

18. 以下关于叠合梁，说法正确的是（　　）。
    A. 抗震等级为二级的建筑可采用组合封闭箍筋
    B. 预制叠合梁端需设置键槽或粗糙面
    C. 预制叠合矩形截面梁可在叠合面设置凹口，以增强框架梁整体性
    D. 组合封闭箍筋操作方便，但整体抗震性能差
    E. 以上均不符合题意

19. 对于预制阳台的说法正确的有（　　）。
    A. 对于全预制梁式阳台，两端预制梁负筋应伸入现浇构造不少于$1.1l_a$
    B. 阳台板为悬挑板式构件，有叠合式和全预制式两种类型
    C. 预制阳台与主体结构连接部位承受负弯矩，故下表面配筋要求高一点
    D. 对于预制叠合阳台，叠合板支座处，预制板的纵向受力钢筋宜从板端伸出并锚入支承梁或墙的后浇混凝土中，锚固长度不应小于$12d$，且宜过支座中心线
    E. 以上均不符合题意

20. 《装配式混凝土建筑技术标准》（GB/T 51231—2016）中给出支撑装配式建筑的四大系统分别是（　　）。
    A. 结构系统　　　B. 外围护系统　　　C. 设备与管线系统　　　D. 内装系统
    E. 基础系统

### 三、判断题（正确的后面写"Y"，错误的写"N"）

1. 冬期制作混凝土，混凝土拌合物出机温度不宜低于10℃，入模温度不得低于5℃。（    ）

2. 预制混凝土叠合楼板最常见种类一是预制混凝土钢筋桁架叠合板，二是预制带肋底板混凝土叠合楼板。（    ）

3. 装配式混凝土结构工程一般以一个单元为一个施工段，从每栋建筑中间单元开始流水施工。（    ）

4. 影响装配式混凝土结构工程质量的因素很多，归纳起来主要有三个方面：人、材、机。（    ）

5. 国家已经出台专门针对装配式建筑的合同范本，传统建筑模式下的合同范本已不适用于装配式建筑。（    ）

6. 预制构件运至现场后，施工单位应对构件进行抽样检查，监理单位对构件质量进行全部验收。（    ）

7. 预制叠合板相比现浇楼板，表面更加光滑和平整，预制叠合板在各个方面均比现浇楼板更加有优势。（    ）

# 参考文献

[1] 装配式混凝土结构技术规程 JGJ 1—2014.

[2] 钢筋套筒灌浆连接应用技术规程（2023年版）JGJ 355—2015.

[3] 混凝土结构工程施工质量验收规范 GB 50204—2015.

[4] 装配式混凝土建筑用预制部品通用技术条件 GB/T 40399—2021.

[5] 装配式混凝土连接节点构造（楼盖结构和楼梯）15G310-1.

[6] 装配式混凝土结构连接节点构造（剪力墙结构）15G310-2.

[7] 装配式混凝土结构表示方法及示例（剪力墙结构）15G107-1.

[8] 中国建筑业协会. 装配式混凝土建筑施工规程. 北京：中国建筑工业出版社，2017.

[9] 装配式混凝土建筑技术标准 GB/T 51231—2016.

[10] 郭学明. 装配式混凝土结构建筑的设计、制作与施工. 北京：机械工业出版社，2017.

[11] 黄延铮，魏金桥. 装配式混凝土建筑施工技术. 郑州：黄河水利出版社，2017.

[12] 张金树，王春长. 装配式建筑混凝土预制构件的生产与管理. 北京：中国建筑工业出版社，2017.

[13] 中国建筑标准设计研究院. 全国民用建筑工程设计技术措施建筑产业现代化专篇-装配式混凝土剪力墙结构施工. 北京：中国计划出版社，2017.

[14] 中建科技有限公司，中建装配式建筑设计研究院有限公司，中国建筑发展有限公司. 装配式混凝土建筑施工技术. 北京：中国建筑工业出版社，2017.